■ 旅游电子商务系列规划教材 ■

旅游网站设计

张烨 ◆ 主 编　周欢　智玛 ◆ 副主编

中国旅游出版社

策划编辑：孙妍峰
责任编辑：孙妍峰
责任印制：谢　雨
封面设计：何　杰

图书在版编目（CIP）数据

旅游网站设计 / 张烨主编． -- 北京：中国旅游出版社，2018.6（2023.1 重印）
旅游电子商务系列规划教材
ISBN 978-7-5032-6031-5

Ⅰ．①旅… Ⅱ．①张… Ⅲ．①旅游业－电子商务－网站－设计－高等学校－教材 Ⅳ．① F590.6-39 ② TP393.092.2

中国版本图书馆 CIP 数据核字（2018）第 110548 号

书　　　名：	旅游网站设计
作　　　者：	张烨主编
出 版 发 行：	中国旅游出版社
	（北京静安东里6号　邮编：100028）
	http://www.cttp.net.cn　E-mail:cttp@mct.gov.cn
	营销中心电话：010-57377108，010-57377109
	读者服务部电话：010-57377151
排　　　版：	北京旅教文化传播有限公司
经　　　销：	全国各地新华书店
印　　　刷：	北京明恒达印务有限公司
版　　　次：	2018年6月第1版　2023年1月第2次印刷
开　　　本：	720毫米×970毫米　1/16
印　　　张：	9.5
字　　　数：	155千
定　　　价：	29.80元
I S B N	978-7-5032-6031-5

版权所有　翻印必究
如发现质量问题，请直接与营销中心联系调换

前　言

随着旅游电子商务行业的飞速发展，旅游产品的主要销售渠道也从线下实体店变成了线上的电子商务网站，旅游行业之间的竞争日益激烈，现下既熟悉电子商务又精通旅游业务的复合型人才也变得十分紧缺。旅游电子商务行业从业人员不但要具备较高的网络技术、电子商务知识，同时还应具备旅游专业知识、市场营销及视觉设计与制作等方面的知识技能。因此除了传统旅游行业的知识技能之外，掌握一些视觉营销设计和制作方面的知识技能成了从业人员必需的素质。

在旅游电子商务产品购物过程中，用户只能通过文字和图片来了解商家和产品，因此视觉设计和视觉营销效果的好坏直接影响用户对品牌店铺和商品的认知感和信任感，甚至还对品牌形象的树立起决定性的作用。但是视觉设计和视觉营销不是像美工美化店铺那么简单，还需要全面化、系统化的思考。本书是一本有关旅游电子商务网站设计的教程，全面深入地讲解旅游电子商务网站视觉化设计制作和营销知识，帮助读者综合掌握旅游电子商务网站设计理论知识和操作技能，提高综合素质。

本书是"第二批上海市属高校应用型本科试点专业——上海师范大学天华学院旅游管理专业"项目建设成果，是旅游电子商务方向七部理实一体化系列教材之一。全书共九章，第一章讲解旅游网站设计的基础概念，包括网站设计的流程和旅游电子商务网站的分类及特点；第二章介绍电子商务网站视觉设计中版式设计和色彩搭配的一些知识原则，培养读者的设计思维；第三章讲解 Photoshop 旅游网站视觉设计的基本技能，使读者可以快速掌握旅游电子商务网站的制作方法；第四章到第七章结合实际案例和项目分别讲解电子商务网站中主图、详情页、首页、推广图的设计原则和方法；第八章主要介绍手机端电子商务网站的设计要点和 PC 端电子商务网站设计的一些区别；第九章结合相关营销知识讲解旅游电子商务网站设计策划和制作过程中"视觉营销"部分的知识。在部分章节之后，还以课后练习的形式设置了项目实践环节，使得读者在学习过程中能以项目为导向把知识点串联起来，在实践中了解旅游电子商务网站设计流程，并在解决实际问题过程中通过"做中学"掌握旅游网站视觉设计与制作的技能。

  本书联合服务过知名旅游电子商务品牌的一线旅游电子商务网站——上海潘博网络科技有限公司的设计团队，选用了大量具有代表性的电子商务旅游网站的实际案例进行赏析与练习，图文并茂，有助于读者理解。

  在成稿过程中，本书借鉴了相关的研究成果，在此一并表示感谢，书中难免存在疏漏，敬请读者批评指正。

编者
2018.4

目　录

第一章　旅游网站设计概述 ·· 1
　　第一节　网站的概念 ··· 1
　　第二节　网站设计的流程 ·· 2
　　第三节　旅游网站的分类与特点 ·· 10

第二章　旅游网站视觉设计 ··· 12
　　第一节　旅游网站设计师的设计思维 ·· 12
　　第二节　旅游网站版式设计原理 ·· 20
　　第三节　旅游网页设计色彩搭配原理 ·· 39

第三章　Photoshop 旅游网站视觉设计的基本技能 ··························· 41
　　第一节　Photoshop 的基础操作 ·· 41
　　第二节　常用的修图工具 ·· 48
　　第三节　图层面板的应用 ·· 57
　　第四节　图像的调整和输出 ··· 61

第四章　旅游网站主图设计 ··· 77
　　第一节　主图的重要性 ··· 77

第二节　主图设计原则与技巧 …………………………………… 78

第五章　旅游网站详情页设计 ……………………………………… 82
第一节　详情页的视觉表现 …………………………………… 82
第二节　详情页的设计内容 …………………………………… 86

第六章　旅游网站店铺首页设计 …………………………………… 91
第一节　旅游网站首页结构 …………………………………… 91
第二节　网店的店招要素 ……………………………………… 93
第三节　网店的导航要素 ……………………………………… 95
第四节　网店的首焦要素 ……………………………………… 97
第五节　网店的页尾要素 …………………………………… 103
第六节　网店的产品分类 …………………………………… 105
第七节　网店的产品展示 …………………………………… 107

第七章　旅游网站推广图设计 …………………………………… 114
第一节　直通车广告 ………………………………………… 114
第二节　钻展广告 …………………………………………… 116
第三节　推广图设计准则 …………………………………… 117
第四节　推广图设计要点 …………………………………… 121
第五节　推广图设计分类 …………………………………… 123

第八章　旅游电子商务网站手机端设计 ………………………… 128
第一节　手机端与电脑端的区别 …………………………… 128
第二节　旅游网站手机端店铺设计要点 …………………… 129

第九章　旅游网站视觉营销 ……………………………………… 133
第一节　什么是视觉营销 …………………………………… 133
第二节　旅游电子商务网站店铺视觉营销的意义 ………… 138

    第三节　如何做好旅游电子商务网站店铺的视觉营销……………… 142

参考文献……………………………………………………………… 146

第一章　旅游网站设计概述

【本章导读】

网站是一种沟通工具，人们可以通过网站来发布自己想要的资讯，还可以利用网站来提供与旅游电子商务相关的服务。网页是构成网站的基本元素，是承载着各种旅游产品的应用平台。不同类型的旅游网站的特点也是不一样的，我们要根据不同类型的旅游网站的功能区进行网站设计。

【知识要点】

掌握旅游网站设计的概念，要区分清楚网站与网页的关系，也要了解网站设计的整个流程，并掌握旅游网站的分类与特点。

1. 网站的概念；
2. 网站设计的流程；
3. 旅游网站的分类与特点。

第一节　网站的概念

网站是指在互联网上根据一定的规则，使用 HTML（标准通用标记语言下的一个应用）等工具制作的用于展示特定内容相关网页的集合。简单地说，网站是一种沟通工具，人们可以通过网站来发布自己想要公开的资讯，或者利用网站来提供相关的网络服务。人们可以通过网页浏览器来访问网站，获取自己需要的资讯或者享受网络服务。

网页是构成网站的基本元素，是承载各种网站应用的平台。通俗地说，网站就是由网页组成的。

网页是一个包含 HTML 标签的纯文本文件，可以存放在世界某个角落的某一台计算机中，是万维网中的一"页"，是超文本标记语言格式（标准通用标记语言的一个应用，文件扩展名为 .html 或 .htm）。网页通常用图像档来提供图画，网页要通过网页浏览器来阅读。

第二节　网站设计的流程

一、网站调研

利用相应工具收集和整理市场情报、同类网站情报，分析网站优缺点，分析领先者的经验和失败者的教训。市场调研是网站市场预测和网站经营决策过程中必不可少的组成部分。

（一）网站调研的目的

1. 前期调研

为了解市场需求，确定网站功能定位而调研。

2. 中期调研

调查研究现有同类网站，为网站用户界面的设计而调研。

3. 后期调研

调查研究现有同类网站和用户反馈，为网站改版、提升用户体验而调研。

总体目的：通过网站调研，网站策划者才能客观地判断用户的真正需求，从而对网站进行有针对性的策划，使其符合当今互联网潮流，能够更好地为网址功能策划指明方向。

（二）网站调研步骤

1. 了解服务对象需求

（1）在网站策划之初，通过线上建立网络调查表，线下发布调查问卷，回收数据后分析用户需求。

（2）在网站开始运营后，设置完备、通畅的用户体验反馈通道，及时收集用户需求，并及时完善网站。

2. 确定目的及功能定位

（1）根据用户需求分析，思考如何满足用户的使用，并思考是否能够延伸发展出其他可能出现的用户需求，将调研的收益最大化。

（2）在网站开始运营之后，与技术部门沟通，了解满足需求的技术难度。在最快、最简便地实现功能与最好地满足用户之间寻求平衡。

3. 寻找竞争对手、了解对手

（1）在了解用户需求和确定功能定位之后，寻找同类型网站中的佼佼者，观察同类网站的用户体验，学习优秀之处，调查研究同类网站的二级网站流量，了解用户需求，揣测用户心理，明确用户的习惯。

（2）及时观察同类网站的改版及发展趋势，在保证不落后竞争对手的情况下，争取做得比别人更好。

二、网站架构设计制定

网站架构设计是网站设计的重要组成部分，如图 1-1 所示。在网站调研完成之后，网站的目标及内容主题等有关问题已经确定。架构设计要做的事情就是如何将内容划分为清晰合理的层次体系，比如栏目的划分及其关系、网页的层次及其关系、链接的路径设置、功能在网页上的分配等，以上这些都仅仅是前台结构设计，而前台结构设计的实现需要强大的后台支撑，后台

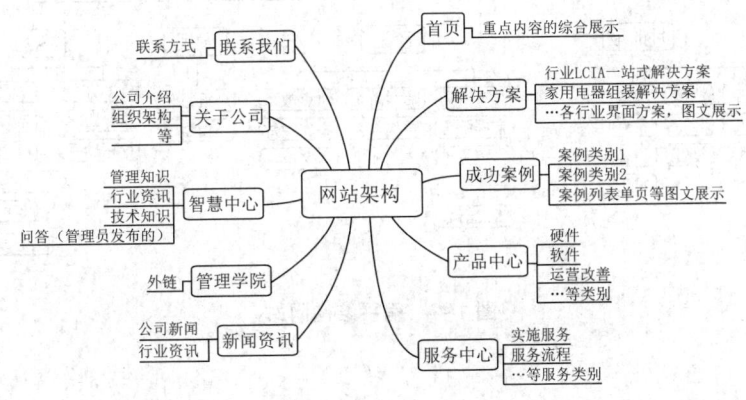

图 1-1 网站架构设计

也应有良好的结构设计以保证前台结构设计的实现。显然网站的结构设计是体现内容设计与创意设计的关键环节。

（一）网站结构设计目标

（1）层次清楚，突出主题。厘清网页内容及栏目结构的脉络，使链接结构、导航线路层次清晰，内容与结构要突出主题。

（2）体现特征，注重特色设计。

（3）方便用户使用。

（4）网页在功能分配上合理，且功能要强大。

（5）可扩展性能好。

（6）网页设计与结构在用户体验上完美结合。

（7）面向搜索引擎的优化。

（二）网站结构分类

网站结构，分为网站扁平结构和网站树形结构。

1. 扁平结构

扁平结构的网站就是指所有网页都在根目录下，多用于建设一些中小型企业网站，如图1-2所示。

优点：有利于搜索引擎抓取。

缺点：内容杂乱，用户体验不好。

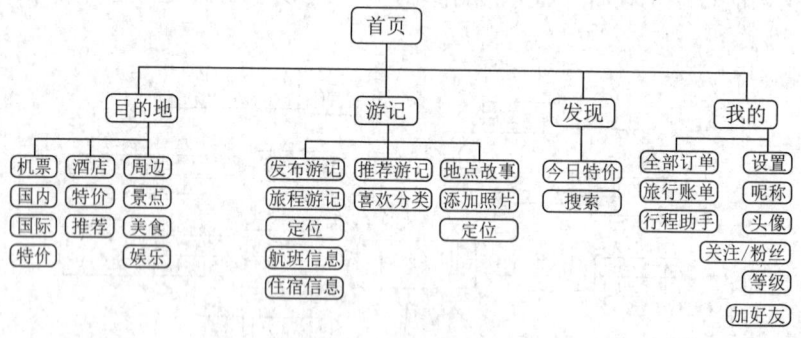

图 1-2 扁平结构网站

2. 树形结构

树形结构的网站，就是网站根目录下有多个分类，就是给网站设立栏目或者频道，如图1-3所示。树形结构的网站一般适合类别多、内容量大的网站，像资讯站、电子商务网站等。

优点：分类详细，用户体验好。

缺点：分类越深，越不利于搜索引擎抓取内容。

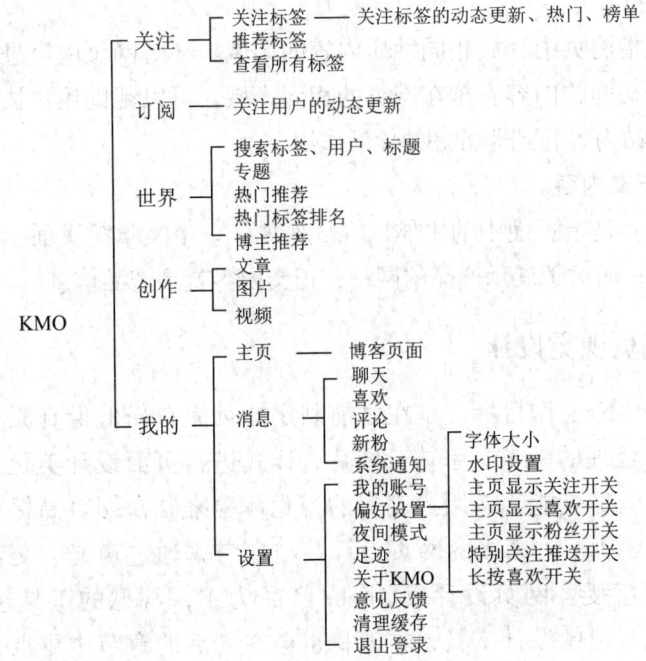

图1-3 树状结构网站

三、网页功能布局设定

网页结构即网页内容的布局。创建网页结构实际上就是对网页内容的布局进行规划，网页结构的创建是页面优化的重要环节之一，会直接影响页面的用户体验及相关性，而且还在一定程度上影响网站的整体结构及页面被收录的数量。

从页面结构的角度来看，网页主要由导航栏、栏目及正文内容这三大要素组成，如图1-4所示。网页结构的创建、网页内容布局的规划实际也是围绕这三大组成要素展开的。

（一）导航栏

导航栏是构成网页的重要元素之一，是网站频道入口的集合区域，相当于网站的菜单。

（二）栏目

栏目是指网页中存放相同性质内容的区域。在对网页内容进行布局设计时，把性质相同的内容安排在网页的相同区域，可以帮助用户快速获取所需信息，对网站内容起到非常好的导航作用。

（三）正文内容

正文内容是指页面中的主体内容。例如，一个文章类页面，正文内容就是文章本身；而对于展示产品的网站，正文内容就是产品信息。

四、网页视觉设计

网页设计的工作目标，是在之前制定的页面布局低保真原型的基础上通过使用更合理的颜色、字体、图片、样式进行页面设计美化，在功能限定的情况下，尽可能给予用户完美的视觉体验来制作网页高保真原型效果图，如图1-5所示。高级的网页设计甚至会考虑通过声光、交互等来实现更好的视听感受。网页设计以Adobe产品为主，常见的工具包括PS、AI等图像处理与图像设计工具，本教材也会在之后的章节中重点介绍此部分内容。

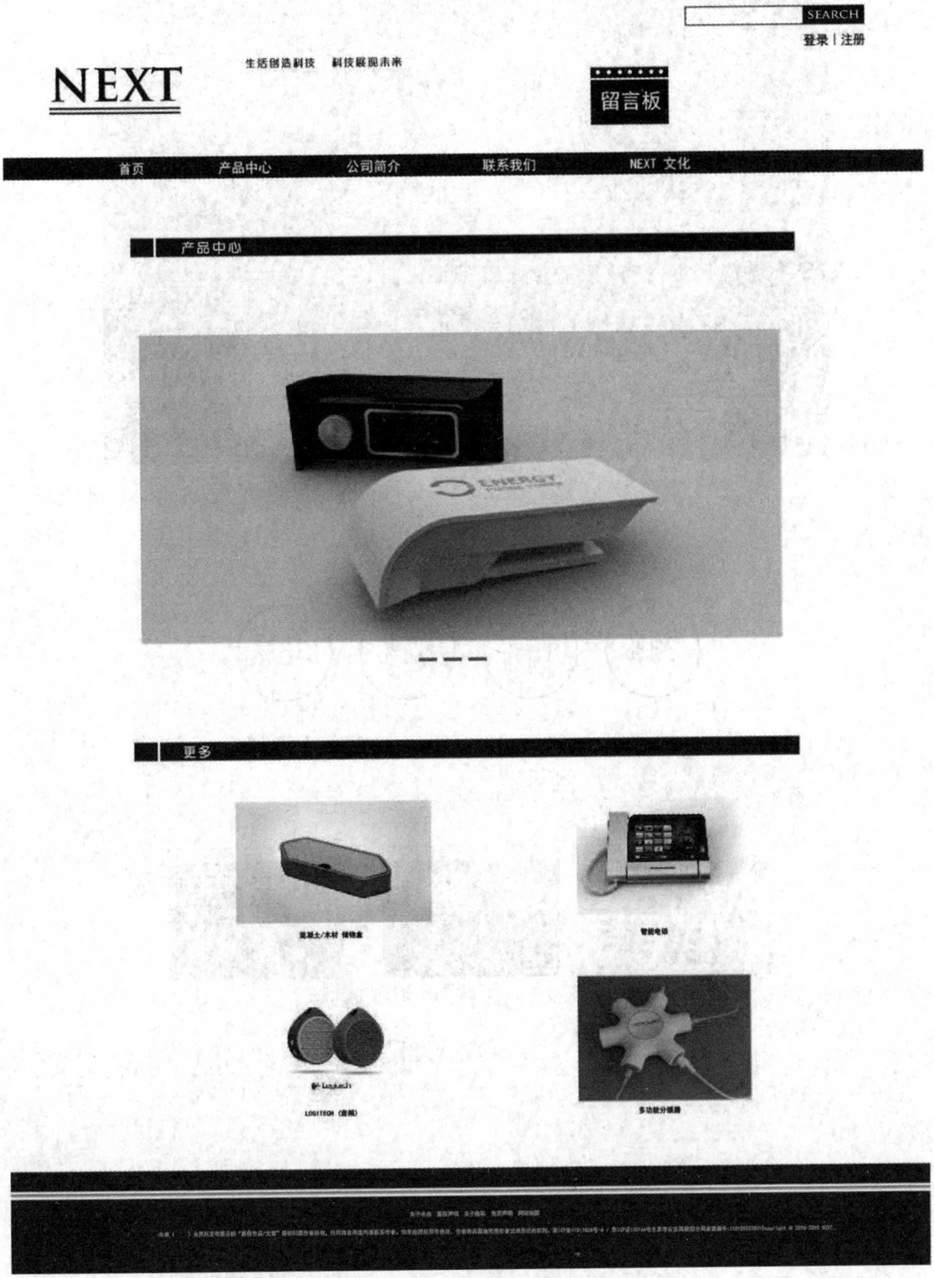

第一章　旅游网站设计概述　　7

图1-4　网页结构样图
上海师范大学天华学院13级视觉传达专业　邵华森　设计作品

A FEW STARS

23% Website monthly update work rate

15% Subscriber growth rate

62% Average works point of praise rate

36% Author increase rate

Plane art
Research shows that 80% of people's knowledge is obtained with the eyes. As a result, the industry has a profound influence on the society

Video art
Video art refers to the drama as the basis, the use of camera technology and art, the creation process of shaping the visual art image.

Architectural art
Architectural art refers to the use of architectural art unique artistic language, so that the architectural image of cultural value and aesthetic value.

Copyright © 2006 - 2016 Built by Buffalo Limited. All rights reserved.
Registered in England Company No. 06048231 VAT Registration No. 899 6307 54
Read the boring legal stuff

图 1-5　网页高保真原型图
上海师范大学天华学院 14 级数字媒体专业　姚天成龙　设计作品

五、网页前端开发

（1）使用 html 语言 +css 样式并结合 Javascript 负责产品的前端开发和页面制作。

（2）熟悉 W3C 标准和各主流浏览器在前端开发中的差异，提供针对不同浏览器的前端页面解决方案。

（3）负责相关产品的需求以及前端程序的实现，提供合理的前端架构。

（4）与产品、后台开发人员保持良好沟通，能快速理解、消化各方需求，并落实为具体的开发工作。

（5）了解服务器端的相关工作，在交互体验、产品设计等方面有自己的见解。

六、网站后台功能建设

网站后台功能，是一种网站的管理员才能进入的系统。

旅游网站后台的大致（类似）功能如下。

（1）系统管理：管理员管理，可以新增管理员及修改管理员密码；数据库备份，为保证数据安全，本系统采用了数据库备份功能；上传文件管理，管理增加产品时上传的图片及其他文件。

（2）企业信息：可设置修改企业的各类信息及介绍。

（3）产品管理：产品类别新增修改管理，产品添加修改以及产品的审核。

（4）下载中心：可分类增加各种文件，如驱动和技术文档等文件的下载。

（5）订单管理：查看订单的详细信息及订单处理。

（6）会员管理：查看修改删除会员资料，锁定解锁功能可在线给会员发信。

（7）新闻管理：能分大类和小类新闻，不再受新闻栏目的限制。

（8）留言管理：管理信息反馈及注册会员的留言，注册会员的留言可在线回复，未注册会员可使用在线发信功能给予答复。

（9）营销网络：修改营销网络栏目的信息。

（10）调查管理：发布修改新调查。

（11）全新模版功能：在线编辑修改模版。

（12）全新挂接数据库：在线表编辑、添加数据表、编辑数据库、加添编辑文件挂接网站等。

（13）系统日志功能：每一步操作都有记录，系统更安全。

（14）文字切换：中英文、简繁体切换。

七、网站测试

网站测试是指当一个网站制作完上传到服务器之后针对网站的各项性能情况的一项检测工作。它与软件测试有一定的区别，其除了要求外观的一致性以外，还要求其在各个浏览器下的兼容性以及在不同环境下的显示差异。

八、网站运营与推广

网站运营是指一切为了提升网站服务于用户的效率，而从事与网站后期运作、经营有关的行为工作；范畴通常包括网站内容更新维护、网站服务器维护、网站流程优化、数据挖掘分析、用户研究管理、网站营销策划等，网站运营常用的指标：PV、IP、注册用户、在线用户、网站跳出率、转化率、付费用户、在线时长、购买频次、ARPU 值。

网站推广就是以互联网为基础，借助平台和网络媒体的交互性来辅助营销目标实现的一种新型的市场营销方式。当前传播常见的推广方式主要是在各大网站推广服务商中通过买广告等方式来实现，免费网站推广包括：SEO 优化网站内容或构架提升网站在搜索引擎中的排名，在论坛、微博、博客、微信、QQ 空间等平台发布信息，在其他热门平台发布网站外部链接等。

第三节 旅游网站的分类与特点

旅游网站是指以网络为主体，以旅游信息库、电子化商务银行为基础，利用最先进的电子手段运作旅游业及其分销系统的商务体系。旅游电子商务为广大旅游业同行提供了一个互联网平台。

旅游网站利用先进的计算机网络及通信技术和电子商务的基础环境，整合旅游企业的内部和外部资源，扩大旅游信息的传播和推广，实现旅游产品的在线发布和销售，为旅游者与旅游企业之间提供一个知识共享、增进交流的平台，并且形成了交互平台的网络化运营模式。

旅游电子商务按照不同的标准，有多种分类方法。这里介绍按照旅游网站内容来分类。

一、综合门户类

综合门户类旅游网站比较常见，例如"携程网""途牛网""驴妈妈""飞猪网"等。此类网站包含了和旅行相关的消费者所需的一切旅游类产品，如"线路类产品""票务类产品""交通类产品""酒店类产品"，因此此类旅游网站整个逻辑架构根据网站的功能和产品分类来设定，比较庞大与复杂，网站首页内容丰富，分类也非常清晰，因此此类首页常以根据产品类型的不同进行"模块化"布局，在页面主屏区域也常设置有不同类型产品的搜索区域，让目的性比较强的用户可以直接通过关键词的搜索寻找到所需产品，而对一些目的性比较弱的用户也可以在首页不同类型产品的模块区域推送的产品中浏览自己感兴趣的产品。

二、特定产品类

特定产品类旅游网站和综合门户类网站所提供的"一站式"服务不同，它只提供某一类型的旅游产品，比如"民宿类网站"：Airbnb（爱彼迎）、Booking（缤客）、自在客等。此类旅游网站由于提供产品类别比较单一，因此网站的架构相对"综合门户类"的旅游网站来说稍微简单。由于此类网站用户的目的性较强，因此在首页的设计布局上比较简洁，常以搜索框为主，辅以一些热门产品或者分类产品的推送。

三、社交攻略类

与"综合门户类""特定产品类"完全不同的是社交攻略类旅游网站的功能主要是用户完成某次旅行之后可以在网站平台上发布自己的游记攻略，而对于一些计划旅行与在途中的用户则能查看这些游记攻略，"马蜂窝"是此类网站中比较有代表性的。由于网站内容以用户发布的体验为主，因此此类网站也具有非常强的社交功能，该类型网站首页以分类推送游记攻略为主。

第二章　旅游网站视觉设计

【本章导读】

视觉设计法则不仅只运用于单一的印刷设计中，在旅游网站设计中也同样适用。不懂平面设计，就不能做真正的好设计师，不能有效表现出画面的美感，不能将产品文案版面色彩进行有效结合，所以我们需要将设计法则合理地运用于旅游网站设计中，才能紧紧地抓住用户。

【知识要点】

通过本章内容的学习，大家可以学会使用设计师的设计思维，了解版式设计原则、配色等，并能进一步地运用。学习本章的主要内容后需要掌握的相关技能知识如下：

1. 旅游网站设计师的设计思维；
2. 旅游网站版式设计原理；
3. 旅游网站设计色彩搭配原理。

第一节　旅游网站设计师的设计思维

思维是人们头脑对自然界事物的本质属性及内在联系的连接概括的反映。而设计则是通过改变自然界物质的性质，把它们改造成为人们所用的一些物品。人借助思维，将自己的本质力量对象化，因为设计思维在设计的过程中是一个完整的概念，设计是前提，限定了思维的范畴，思维是手段，借助各种表现形式最终形成设计作品。

设计思维不仅要求设计师有较高的审美品位和扎实的视觉形象表现技法，而且要求设计师通过审美与技术来实现商家的目的并且满足用户的需求，从而通过分析思考研究来做设计。因此对于旅游网站设计师而言需要了解和该旅游产品有关的一些背景知识来激发他的设计创造力，从而提高设计作品的内涵，也能更好地从用户与商家的立场上去设计出用户所需求的设计作品。

视觉设计最重要的四个关键原则是：对齐、对比、重复、亲密。通过掌握这四个基本原则来快速掌握页面的视觉设计。

第一，对齐。所有元素不能在页面上随意放置，页面之间的元素与元素之间需要有一些视觉上的连接，按照对齐的规律建立一种清晰的架构来提升页面的可读性。

第二，对比。页面上的所有元素要在整体风格统一的基础上有一些对比，不应太过相似，如字体颜色大小、形状空间等方面要有一些截然不同的处理方法，这样才能引人注目，让作品吸引用户的眼球。

第三，重复。根据格式塔心理学，在页面中需要有相同属性的元素在整个作品中重复出现，可以重复色彩、形状、材质空间关系、字体大小等，这样可以形成一些规律，让用户可以在潜意识的过程中去找到获取信息的方式与规律。

第四，亲密。在页面中彼此相关的一些元素应该靠在一起成为一个组合，如果多个元素之间存在一些相关性，他们就可以成为一个视觉单元，而不是多个单一的个体组成页面，这样有助于将信息进行归类，减少混乱，为用户提供清晰的逻辑架构。

一、页面的对齐性

对齐的根本目的是让页面统一富有条理，在设计作品的过程中，统一是一个非常重要的概念，设计师需要通过一些手段让整个页面看上去统一，而且元素之间彼此相关，这需要在各个元素之间设置某些视觉纽带。

对齐是最基本的设计法则，它要求我们放置元素时需要特别注意，不能非常随意只要页面上刚好有空间，就可以随意把元素放置在那里，即使对齐的元素，物理距离离得非常远，但是在用户的眼中，会形成一条隐藏着的线把它们连在一块。

在使用对齐这个原则的时候，一定要秉承一个原则，页面上只使用一种文本对齐方式，所有的文本都做左对齐（见图2-1）或者是右对齐（见图2-2），抑或是全部居中对齐（见图2-3）。但如果对于排版不是特别熟练，应尽量少用居中对齐这种方式，因为居中对齐，对于画面的整体把控能力有一定要求。

图2-1　左对齐　上海潘博网络科技有限公司　胡雪婷　设计作品

图2-2　右对齐　上海潘博网络科技有限公司　陈烨俊　设计作品

图2-3　居中对齐　上海潘博网络科技有限公司　陈烨俊　设计作品

二、页面的对比性

无对比不设计，人们的眼睛不喜欢看千篇一律、平淡无奇的东西，喜欢看有对比的画面。使用对比的技巧，可以有效地增加画面的视觉效果，增加画面的视觉冲击力，对比原则包含的表现方式很多，如虚实对比、空间对比、形状对比、字体对比、大小对比、空间对比、色彩对比等。

没有使用对比原则的页面，看上去就像平静的海面，视线可及之处没有一个非常引人注目的焦点，当出现了对比，突出了视觉重点，也就意味着平静的海面上有个小船，可以使视觉焦点在页面上吸引人的眼球，我们的眼球喜欢看到对比的元素，如果页面上放两个完全相同的元素，如有两种不同字体（见图2-4），或者是两种不同色彩，就能类似实现有效的对比，这两个元素表现方式要截然不同，对比要强烈。强烈是指视觉上差异化的表现来增强页面的效果，以及强调元素之间的差异性，但也要在一定的范围内不宜过于强烈，凡事要有一个度，因为整个页面需要在一个整体的风格上进行设计。

图2-4　字体对比　　上海潘博网络科技有限公司　　胡雪婷　设计作品

对比的目的有两个，它们相辅相成，缺一不可。一个目的是增强页面的视觉效果，如果一个页面看起来很有意思，往往具有可读性；另一个目的是有助于信息的组织。用户应该能立即了解信息以何种方式组织，以及从一项到另一项的逻辑流程对比原则，不能使读者感到迷茫，也不能错误地强调重点，假如一个页面中的文本采用的都是同样的字体、字号、颜色，作为用户来讲，不能轻易地分别标题、正文。所以通常情况下，设计师会对于标题、正文采用不同的表现方式，如字号的大小、字体的粗细、颜色的不同等进行不同的处理，让标题与正文有明显的区分。

使用对比后的效果在排版中仅用对齐这个原则是不够的,还有就是用对比。如果缺少对比页面会显得非常平淡乏味,找不到吸引人的重点,使用对比可以使页面更加吸引人,形成大小、粗细、颜色、明暗、疏密的对比,使信息的组织一目了然,便于用户阅读。只要标题具有足够吸引力,用户自然会去阅读更小一些的文字。

对比不仅会让画面更加美观,而且也会增加页面的可读性。只要你强调的部分吸引用户,用户会下意识地往下观看,只要将重点提炼出来,就能使整个版面信息组织分明,富有层级和组织性,在视觉上吸引用户往下浏览。

三、页面的亲密性

当页面中的内容过多的时候,就需要将各种元素进行整合,把相同的信息或者同类的信息放置在一起。这样不仅可以使整个页面富有条理,也会看上去更加清晰、美观,有利于用户阅读,这就叫页面元素的亲密性,也是一种对页面进行整理的方法。

如果一个页面包含的信息太多,不去整理的话就会显得杂乱无章,毫无秩序。通过亲历性原则,将一定性质的元素分为一组,就会让页面无论是从视觉感官还是阅读层级来看,都更富有条理性。

亲密性的原则是将逻辑上存在关联的元素排列组合在一起,使其被看作一个密切相关的整体,而不是一堆杂乱无章的元素。

从图 2-5 中可以看出,版式设计中的亲密性,实际上是将信息的分类通过一定的表现手法整理在页面中,一眼就看到整个页面有几个板块,在这个板块中的元素都有一定的联系,所以被组合在了一起。这就是通过亲密性原则对页面中出现的一些杂乱无章的元数据进行重新整合,使它有一个比较清晰明了的逻辑结构,可以让用户在最短的时间内获取页面中自己所需要的内容。

图 2-5　页面的亲密性　上海潘博网络科技有限公司　陈烨俊　设计作品

可以从图 2-5 中看出，页面中包含两个板块，每个板块是一类产品，每类产品由 4 个产品组成，每个产品的功能、价格等文案信息都被归类到一定的色块中进行放置而且视觉效果特别明显。

亲密性的第一步是对元素进行归类整合，使画面中所需要出现的元素按照某种逻辑结构进行划分，对于同一组合内的元素，在物理位置上赋予其更近的距离，而不同组合之间的物理位置要更远，这也是页面留白设计的一个核心。在对于元素的组织上，如果多个项之间存在很大的亲密性，将成为一个视觉单元，而不是多个孤立的元素。除了亲密性之外，在页面的设计中还需要使用到我们前面讲到的对比等原则。亲密性更多的意义在于对于元素的组织上，如果多个项之间存在很大的亲密性，将被称为一个时间单元，而不是几个孤立的元素。亲密性的根本目的在于进行组合，使相关的元素更容易阅读，更容易被获取记住，同时还可以使空白更美观。

当我们眯起眼睛就能清楚地看出页面上有多少元素，这样亲密性的用法，除了将彼此相关的组合在一起，还有一种用法就是将页面整体进行归纳，告诉你视线将怎样移动，开始─路径移动─结束，读完后接下来看哪里，整个过程应当是一个合理的过程，有明确的开始，而且有明确的结束，一种让人继续看下去的效果。这是为什么呢？因为设计的亲密性在页面中使用的效果，它将页面展示的信息一直往下延伸，让顾客看到时会觉得应该按照这个轨迹看下去。

四、页面的重复性

拥有良好的组织性，同时保证了元素间的统一性，但很有可能缺乏一致性，这样的页面设计会成为妨碍用户通过视觉快速获取页面正确内容的关键。这就需要使用到第三个原则"重复原则"。不同的元素组合之间的关系是平等的、从属的或是毫不相关的，这些视觉元素组合之间的关系在视觉上仅靠亲密性原则以及对齐原则并不能完整地呈现。例如，两个平等关系的元素组合虽然通过亲密性原则使其之间保持一定的距离，再通过对齐原则使其在一个页面中看起来彼此相关，如图2-6所示。但如果两个元素组合使用不同的字体及字号，我们依然无法从视觉上辨别出它们之间的关系。

重复原则不仅仅表现在字体上，页面中任何一个元素都可以成为设计中重复的对象。比如字体、字号、颜色、形状甚至是版式。在设计中使用到的重复元素并没有规定必须保证高度一致性，高度一致性很有可能会导致页面设计呆板无趣。同样的字体字号，可以使用不同的颜色；同样形状，可以使用不同的大小，这些元素都可以进行重复性处理。在页面上产生强烈的视觉效果，不那么枯燥无趣。重复的目的就是统一增强视觉效果，不要低估页面视觉效果的威力，如果一个作品看上去非常有趣往往也更易于阅读。

图 2-6　页面的重复性　上海潘博网络科技有限公司　胡雪婷　设计作品

　　重复可以将页面中的每个元素连接在一起从而提高整个作品的统一性。否则这些元素只是彼此孤立的单元重复，这不仅对于单页的作品很有用，对于多页的设计更显重要。使用重复最简单的方法就是在画面背景中创造一个图案，然后重复使用在背景中，这些重复的图案会产生一种有趣的视觉效果，使作品具有一致性的方法，就是对形状、颜色或者某些数值进行重复。一个设计元素在一个平面的不同部分被反复运用，人们的眼睛自然就跟随它们，有时候就算它们并不是放置在一起，但通常视觉仍会把它们视作一个整体。观众会潜意识地把它们之间画上一些联系重复的元素，这些元素会引导观众的视线，使观众找到一个重要的信息、标志或图片上重复的元素能够产生一条路径，使观众产生一种好奇心，想探究路径的另一端是怎么来的。

　　这其实就是一种讲故事的方法，吸引观众继续看下去。使用重复原则的时候，要避免太多的重复，一个元素重复太多会让人产生厌烦，要注意对比的价值，太多的重复会混淆重点。

第二节 旅游网站版式设计原理

一、版面构图原理

版面构图会受到色彩、图片、文案等元素的影响,接下来介绍一些构图原理,让大家了解版面构图的法则。

(一)让杂乱的图片井然有序

任何元素乱放都不会好看,需要利用网格系统将版面整齐呈现,将页面进行等分。

在网格构图基础上,根据表现主题不同将主题放大显示,同时也让版面更加活跃、不乏味,但是依然是由网格系统组成的,如图2-7所示。

最后也可以通过矩形或者是产品图片进行倾斜放置,又或是在网格系统中添加一些别的元素,如文案,或者是一些图形元素,又或者将一个网格元素放大,但我们应该在普遍中寻找一些变化,让画面在统一中变得亲切有趣。

(二)让琐碎的元素变得更有条理

我们学过亲密性的构图原则,当页面中的内容过多时,需要合理地整理,有很多方法,某些以提供产品信息为目的的版式,往往会在页面中添加许多元素,碰到这种情况,可以通过为画面添加色块的方式(见图2-8)让画面变得更整齐,也更简洁。通过不同产品添加不同的色块,既能区分出产品,又不缺乏一定的统一感。也可以通过一个形状元素作为底纹,对产品进行有效的整理,分类添加画面的趣味性。

(三)按照阅读顺序,引导视线移动方向

在进行版式设计时,对于用户视线的移动方向是非常重要的,想办法在页面中加入能够顺畅地引导用户实现移动的元素(见图2-9),就可以有效地引导用户。

图 2-7 网格系统版式 上海潘博网络科技有限公司 肖洁妹 设计作品

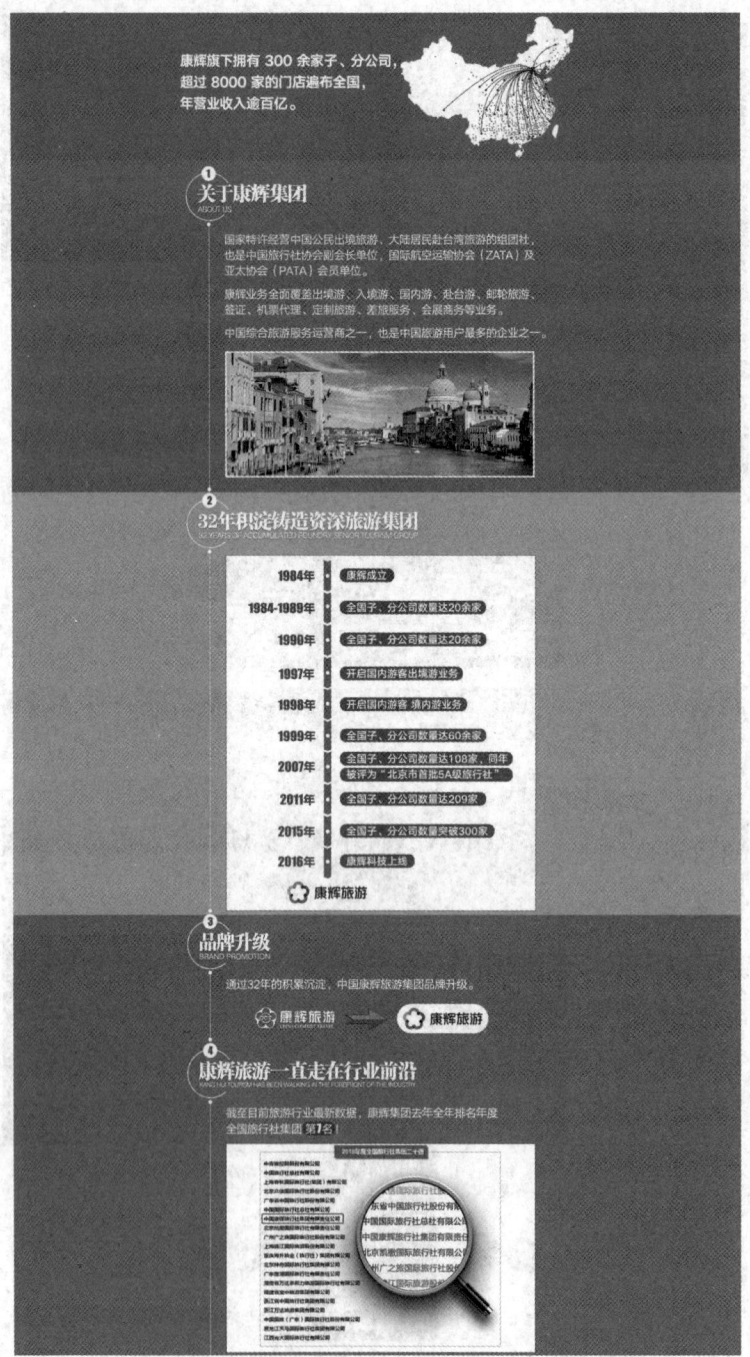

图 2-8　添加色块　上海潘博网络科技有限公司　金丹　设计作品

图 2-9　引导视线移动方向　上海潘博网络科技有限公司　胡雪婷　设计作品

（四）插图令人印象深刻

　　插图是让画面更生动形象地表现图片与图形元素（见图 2-10），但是如果页面中只有插图，会让人觉得过于活泼，不严谨。插图元素再加上摄影图片之后，可以缓解过于幼稚的气氛，同时也可以让画面显得更加有艺术感和亲切感，如图 2-11 所示。

图 2-10　插图元素　上海潘博网络科技有限公司　顾应园　设计作品

图 2-11　插图与摄影图元素结合　上海潘博网络科技有限公司　胡雪婷　设计作品

（五）同一个元素间的间隔

间隔是非常重要的版面构成要素，每个元素之间的间隔类型不能太多，应该统一起来才能设计出秩序井然的页面效果。即使一些产品底图和产品本身元素都不一样，但产品与产品之间的间隔是相同的，这样看起来画面依旧显得非常整齐，如图 2-12 所示。

图 2-12　元素间的间隔　　上海潘博网络科技有限公司　　陈烨俊　设计作品

二、图片构成原理

在版式设计中，图片要如何安排才是最好的呢？考虑内容和意图是图片构成最重要的问题，下面我们来介绍如何根据需要对于页面中的图片元素进行版式上的处理。

（一）根据图片大小调整页面效果

在页面中图版率是指版面相对于文字、图（图片和照片）所占据的面积比。图版率低（见图 2-13），会减少阅读兴趣；图版率高（见图 2-14），可以增强阅读活力。在设计中应该将重点图片最大化突出主体画面内容，同时版面效果也更加突出，这如同在做首页时会将首页做成全屏效果比普通页面更吸引人的原因。

第二章　旅游网站视觉设计

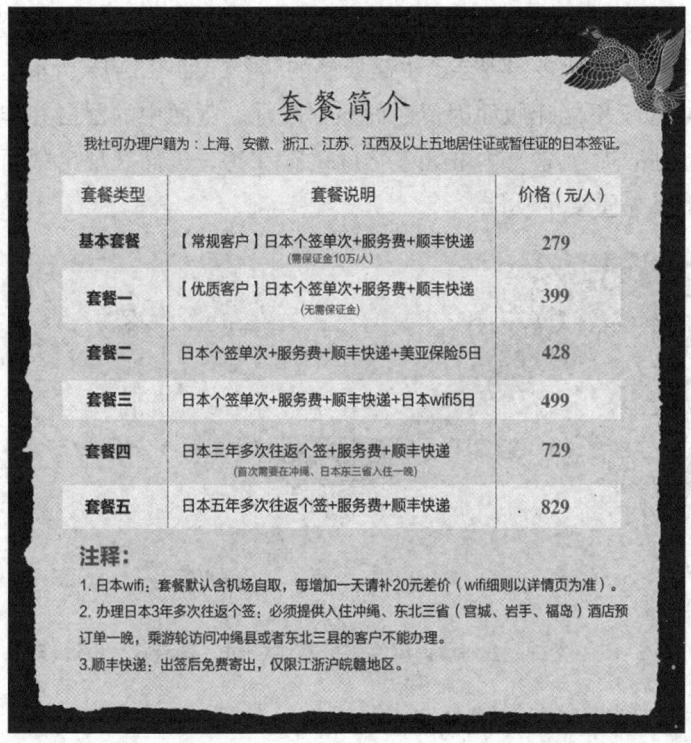

图 2-13　图版率低　上海潘博网络科技有限公司　肖洁妹　设计作品

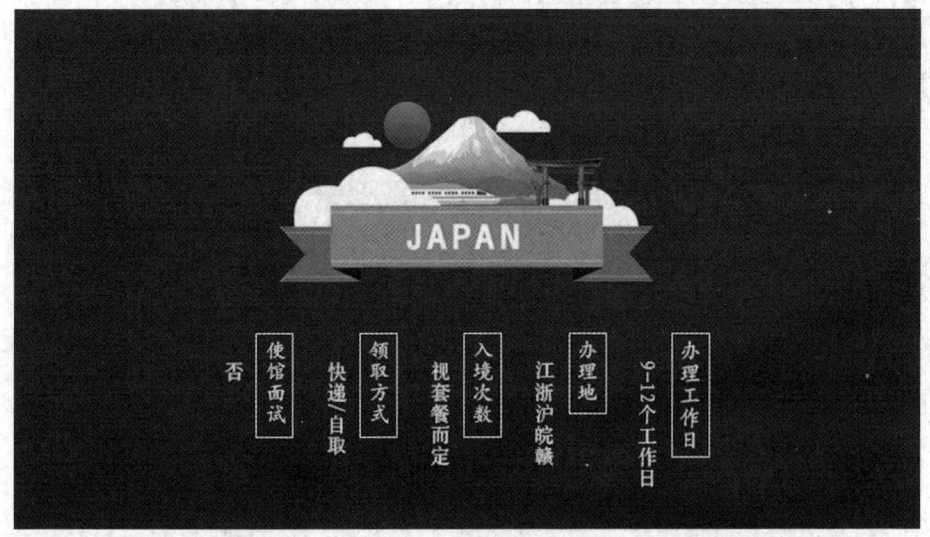

图 2-14　图版率高　上海潘博网络科技有限公司　肖洁妹　设计作品

（二）通过留白突出页面设计感

版面中的留白越多，越会产生高质感的印象，如图 2-15 所示。决定留白位置，重点在于不能让版面因留白而显得凌乱。版面中的留白并非单纯的空白，它也能够凸显元素与内文元素之间的存在感，进而表现出版面中的重点元素，具有非常重要的功能。

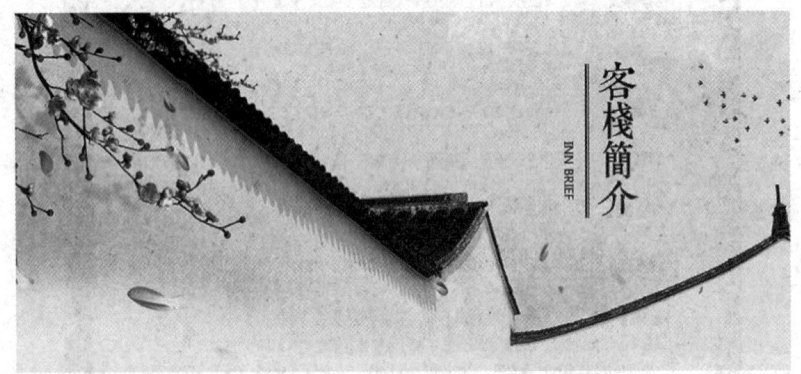

图 2-15　留白　上海潘博网络科技有限公司　肖洁妹　设计作品

（三）凸显图片中的拍摄主题

若想将多张图片元素收纳在同一个页面上，或是想要突出显示图片中的拍摄主体，最好的办法就是将主体部分抠出并去掉背景，如图 2-16 所示，图片元素由于背景图去掉以后就能在有限的空间中放入大量信息，此方法是排版中不可缺少的技巧之一。

图 2-16　多张图片抠图表现　上海潘博网络科技有限公司　陈烨俊　设计作品

（四）整理多图的页面

当要表现出不同类型的分类信息，或者需要将多张图片元素进行组合，可以将元素放进相同形状的图形元素中，如图2-17所示，这样既不会使版面混乱，又可以很好地表现出分类情况。

图2-17　整理多图的页面　上海潘博网络科技有限公司　胡雪婷　设计作品

（五）曲线和手绘元素增加画面活跃感

想要画面不那么生硬，表现出活跃有趣的气氛，可以将画面中的线条变为虚线，无论什么曲线，组成什么形状都可以使画面增加活跃感。与其用较生硬的直线，不如用一种曲线的方法，使画面变得柔和有趣。也可以在画面中添加手绘元素，如图2-18所示，打造出比较随性自在的感觉。

图2-18　手绘曲线元素表现　上海潘博网络科技有限公司　胡雪婷　设计作品

（六）赋予版面节奏感

如果总是将图片摆放得一模一样，或总是把图片放在一条直线上，往往会让人觉得非常单调。如果将图片对角放置（见图2-19）或大小不一而创造出不同比例，就能自然地引导观众的阅读顺序，同时也可以赋予版面动感，使单调的版面增加一些变化，变得丰富起来，设计的最高境界就是在统一中寻求一些变化。

图2-19　版面节奏感　上海潘博网络科技有限公司　陈烨俊　设计作品

（七）传达连续性的画面

当一组图片具有连续性或者是关联性的时候，可以通过添加线条或者是地图（见图2-20）的方式把它们连接在一起，表现出图形与图形元素之间的亲密关系，同时也可以起到为用户指示阅读顺序的作用。

（八）自然地引导阅读视线

最有效的吸引用户视线的方式就是被摄人物的视线，因此宜使用人物图片，通过人物视线方向影响版面的视觉顺序，如图2-21所示。

（九）将图片放到足够大

人都会感觉离自己越近的东西看起来越清楚，离自己越远的东西会觉得看不清或者是不踏实。

在设计的时候，可以将主要的内容近距离放大，将不重要的内容远距离缩小，拍摄主体的距离和构图将在很大程度上影响图片质量所呈现的心理印象。

图 2-20　连续性的画面　　上海潘博网络科技有限公司　　胡雪婷　设计作品

图 2-21　被摄人物视线影响版面视觉规律

在特写的构图里，由于拍摄主体的距离较近，会给人亲切的感觉，唤起主观的情感意识，特别是人物脸部特写；反之，如果是远景，构图则表现的是空间和场景状况，如图 2-22 所示。

图 2-22　图片素材近景远景　上海潘博网络科技有限公司　胡雪婷　设计作品

（十）用图片解释的方式代替文字解释

有时候使用图片去表达内容比直接用文字描述要直观很多，如图 2-23 所示。

图 2-23　用图代替文字　上海潘博网络科技有限公司　肖洁妹　设计作品

（十一）使用辅助元素添加图片表现力

当需要使用图片表现某种功能时，除了使用文字直接描述，也可以添加辅助图标元素（见图 2-24），比图片更有表现力。

图 2-24　辅助图标元素使用　　上海潘博网络科技有限公司　　顾应园　设计作品

（十二）图片与文字的恰当配合

图片与文字的组合就像嘴巴和舌头一样是分不开的，往往需要进行紧密配合，如图 2-25 所示，要注意的是，说明图片的文字不能离图片太远，应保持文字和图片的相关性，在图片上插入文字的时候，最好采用不会影响文字可辨识度的颜色，最好是白色或黑色，或者将文字放置在不会影响辨识度的画面颜色上。

图2-25 图文协调配合 上海潘博网络科技有限公司 肖洁妹 设计作品

三、图文解说原理

　　文字和图片相比，人们当然愿意接受视觉化的图像元素，因此用户很难理解单纯文字元素中包含的信息。这时候往往可以通过文字视觉化的处理方式，把它变得易于理解和获取。那些用文字元素表现时显得非常长的说明，一旦转化成视觉化的表现方式也会变得清晰明了，让大家一看就明白其中的意思。通过对插图的应用，可以让生硬的文字信息看起来非常直观，为了这个目的，我们应该采取什么方式把这些信息整理出来，并进行图像化的表现方式呢？

（一）配合内容区别使用图表

　　为了使数据变得更加清晰易懂，可以将其转化为视觉性的图表，在对数值进行图表表现时，最重要的是决定使用什么样的图表，选择合适的图表才能表现出需要的主题图表，包括并列图表（见图2-26）、流程图表（见图2-27）、对比图表（见图2-28）等。

第二章　旅游网站视觉设计

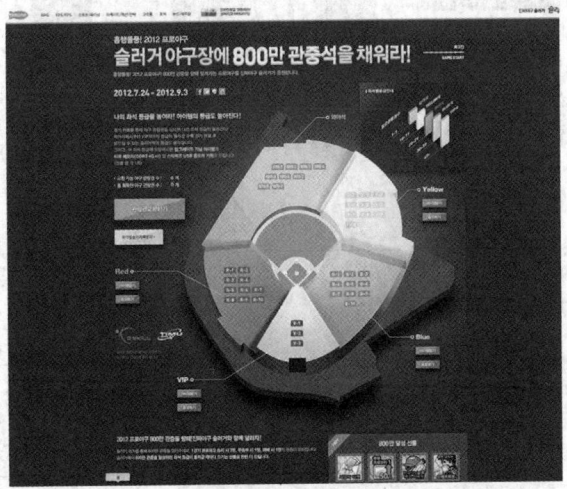

图 2-26　并列图表

旅游网站设计

图 2-27　流程图表　上海潘博网络科技有限公司　肖洁妹　设计作品

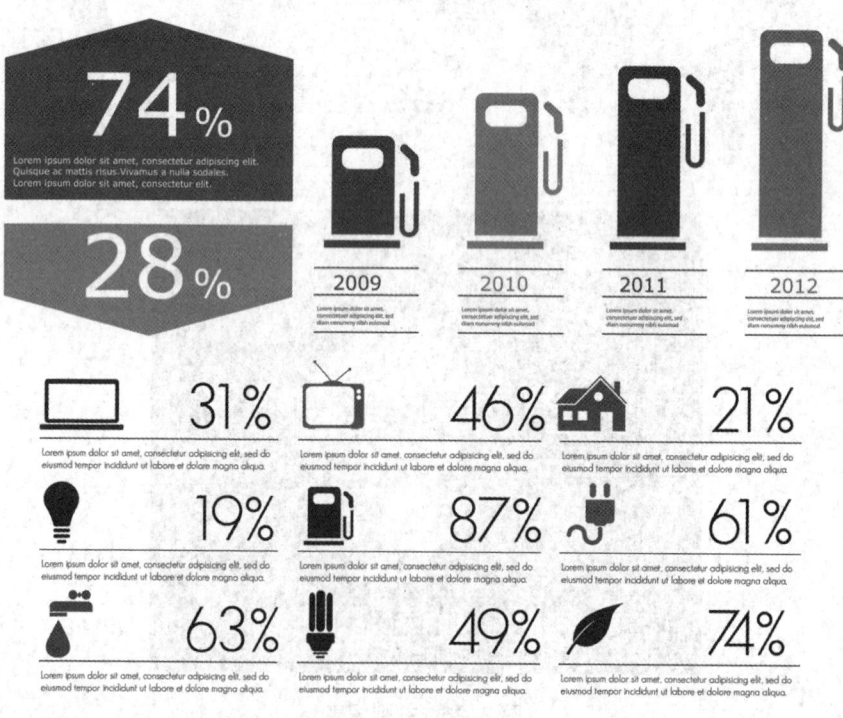

图 2-28　对比图表

（二）便于比较的表格制作

对于包括相同范畴的内容文本，最好将它们整理成表格的形式，如图 2-29 所示，这样很容易展示各项内容，也便于各项内容的对照和比较等，需要对各项内容数值进行比较时，相比单纯的文字排列方式，纵横表制成表格的方式更便于用户了解其中的内容。设计表格的时候要注意，表头部分的颜色一般要比表格中的其他颜色更加明显，以突出标题的作用。

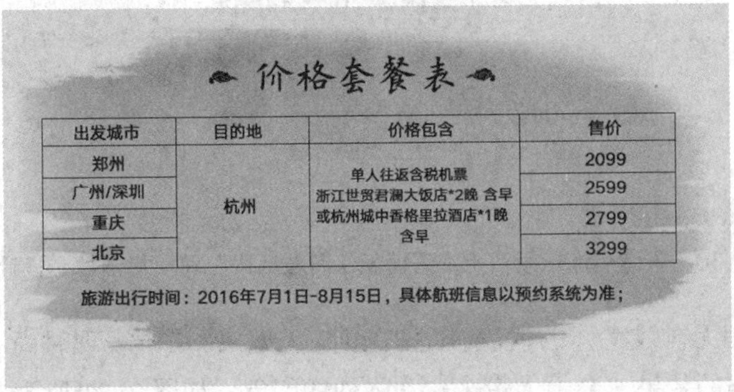

价格套餐表

出发城市	目的地	价格包含	售价
郑州	杭州	单人往返含税机票 浙江世贸君澜大饭店*2晚 含早 或杭州城中香格里拉酒店*1晚 含早	2099
广州/深圳			2599
重庆			2799
北京			3299

旅游出行时间：2016年7月1日-8月15日，具体航班信息以预约系统为准。

图 2-29　信息表格化呈现　　上海潘博网络科技有限公司　　胡雪婷　设计作品

同时，表头颜色设置完成以后，也可以通过每行表格进行配色，使各项表格内容更加明确，一般采用的颜色设置方法是深浅相间，就是将表格底色按照深浅的方式进行循环排列。这种方式不会让人产生疲惫感，在数据不多的情况下，也可以通过每行表格设置不一样的颜色来突出信息的不同。

四、文字组合原理

字体是对画面的效果产生重大影响的要素，如果选择不当，往往会导致主旨偏离，很多时候文字看起来会非常习惯，需要掌握字体的属性，并且理解文字需要表达的意思并加以变化，这样就能很好地处理文字之间的关系。

（一）选择效果相称的字体

设计中不同的字体有不同的形态，需要仔细体会各种字体的风格特点，而我们常用的只有两种字体：宋体和黑体。

宋体是衬线体，手写体的感觉更精致，多用于阅读量大又希望读者平均阅读的地方。

也可以用于大标题，会产生味道不同的高雅趣味，如图 2-30 所示。

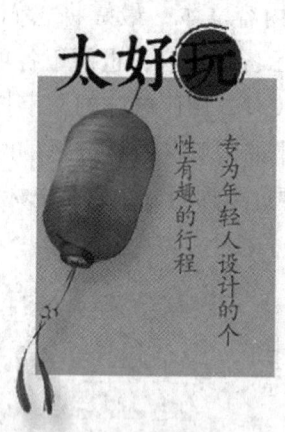

图 2-30　宋体字体运用　上海潘博网络科技有限公司　肖洁妹　设计作品

黑体是无衬线字体的代表，笔画粗细一致，常用于表现时尚和流行或者是力量较强的效果，会给人带来较为强烈的印象，如图 2-31 所示。

图 2-31　黑体字体运用　上海潘博网络科技有限公司　胡雪婷　设计作品

（二）文字的统一和突出

在页面中，很多时候包括很多功能相同的文字内容。在这种情况下，对每种一样功能的文字都设定相同的字体是一个基本理论，这样能保证画面的一致性。

对于表现内容不同，我们要明确地表现出标题与其他内容的区别，可以通过加粗加大字体、使用不同颜色拉开标题与正文之间的距离、为文字加边框等方式来处理，如图2-32所示。

图 2-32 不同层级文字的不同处理方式
上海潘博网络科技有限公司　肖洁妹　设计作品

（三）文字对齐和距离

文字对齐是指将相关联的文字进行对齐，才能突出显示文字组合的统一感和整体感。合理地控制好文字之间的距离，通常，所占面积较小的字体字间距看起来会比较大，而相反，所占面积比较大的字体字间距看起来会比较小，所以要根据所选字体大小来决定字间距。

对于行距的安排来讲，一般阅读量较多的内容要保持文字大小的1.5~2倍，行的长度越短，则行距越小。随着行长的拉长，行距位置也最好扩大，如果是阅读量低的文字组合，最好将行距或字间距显示得稍微近一点，这样统一感更强。

（四）突出文案效果

当文字放置的图片底图较为复杂的时候，可以在网页下方添加白色或黑色底图，这样就算再乱的背景也会将文案部分突出显示，如图2-33所示。

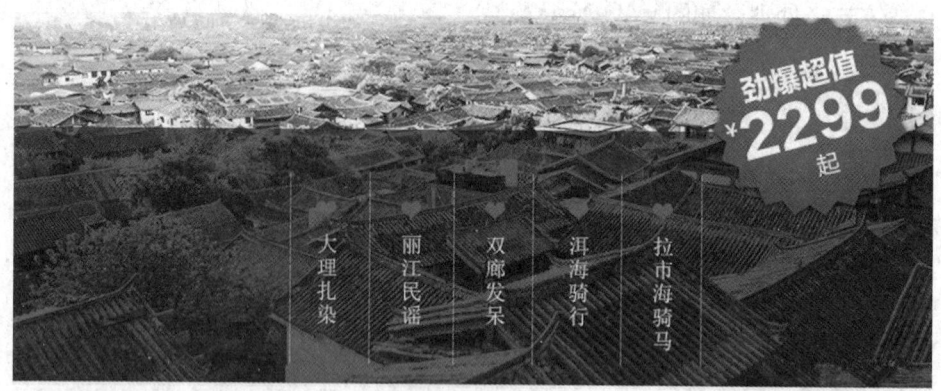

图2-33　添加文字底图　　上海潘博网络科技有限公司　　肖洁妹　设计作品

（五）强调文字阅读顺序

当有大量内容需要显示时，无论是以图文结合的方式，还是纯文字的方式显示，都可以先将内容进行分类整理，再在每一个分类内容前加上数字序号或者是英文字母序号进行标识，这样读者按照序号来看的时候会主动浏览下一个内容，如图2-34所示。

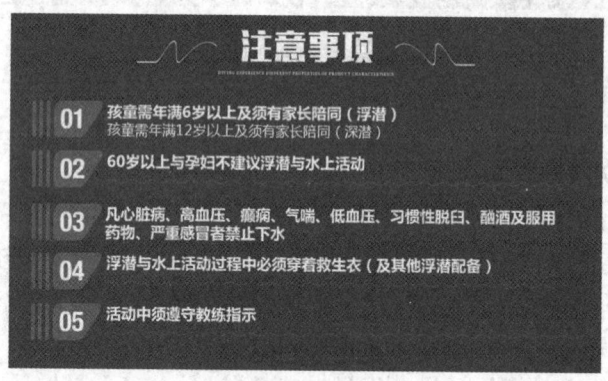

图2-34　添加文字底图　　上海潘博网络科技有限公司　　胡雪婷　设计作品

第三节 旅游网页设计色彩搭配原理

一、选择基本配色

我们经常会通过色彩来对事物的状态、情形和感觉做出判断，它被誉为可以刺激感官、激发情感的元素。围绕某个主题确定基本色，然后再考虑其他必要的补充要素，在配色中能快速把握整体的基调，也能更好地控制产品的主题思想。

二、决定主题颜色

（一）与季节对应的色彩

通过色彩表现，季节的重点在于色调，确定正确的色调之后，才能进行恰当的配色，如通过柔和的光线、春季的樱花等，表现春天的气息。

通过高纯度的色调和高反差的配色表现出夏天苍翠的树木，也可以通过蓝色来表现蓝天和大海。

通过果实红叶的红色和深沉的色调表现秋季的美。

通过低纯度的蓝色系配色，表现冬日的冷寂。

（二）与地域文化匹配的色彩

具体色彩所代表的具体含义，并不是全世界通用的文化传统和风土人情而已，各个国家地域的文化会通过国旗、服饰、菜肴、建筑风景等特定的颜色，给人留下鲜明而深刻的印象，应尽量掌握具有各个国家文化特色的配色。

（三）与年龄对应的色彩

体现成人的配色往往以黑白灰为主，纯度较低的灰色也在其中，会给人一种潇洒、极致时尚的感觉。成人群体中女性应以红紫色色相为中心，男性应以冷色的、蓝色色相为中心，年纪越大的人越喜欢纯度较低的自然色彩，既时尚又不失沉稳。

儿童的色彩宜采用明度纯度较高的配色，营造快乐明朗的儿童形象。体现儿童的配色应以浅色为主，表现快乐时用一些明快的颜色。

（四）与档次匹配的颜色

色彩是在第一印象中很具有吸引力的要素，应掌握贵重、廉价的不同印象的配色方法，一般来讲正式的场合中运用深色调体现高档感；单纯华丽明快的色彩组合，可以给人便宜实惠的印象。

第三章 Photoshop 旅游网站视觉设计的基本技能

【本章导读】

Photoshop 是美工在装修网店时使用最多的工具，我们必须熟练使用这个工具，再配合相应的设计原则就能轻松设计出优秀的旅游网站，帮助大家为后期的学习打下良好的基础。

【知识要点】

通过本章内容的学习，大家能够学习到 Photoshop 的基础知识，并学会基本的图像编辑处理方法，学完后需要掌握如下相关技能知识：

1. Photoshop 的基础操作；
2. 常用的修图工具；
3. 图层面板的应用；
4. 图像的调整和输出。

第一节 Photoshop 的基础操作

Photoshop 是处理图片的一个工具，下面介绍它的主要界面和最基本的操作，以便让大家快速进入 Photoshop 的学习。

一、认识 Photoshop 操作界面

　　Photoshop 的工作界面主要包含菜单栏、工具选项栏、文档窗口、状态栏以及面板等组件，如图 3-1 所示。Photoshop 的工作界面主要组件的作用如表 3-1 所示。

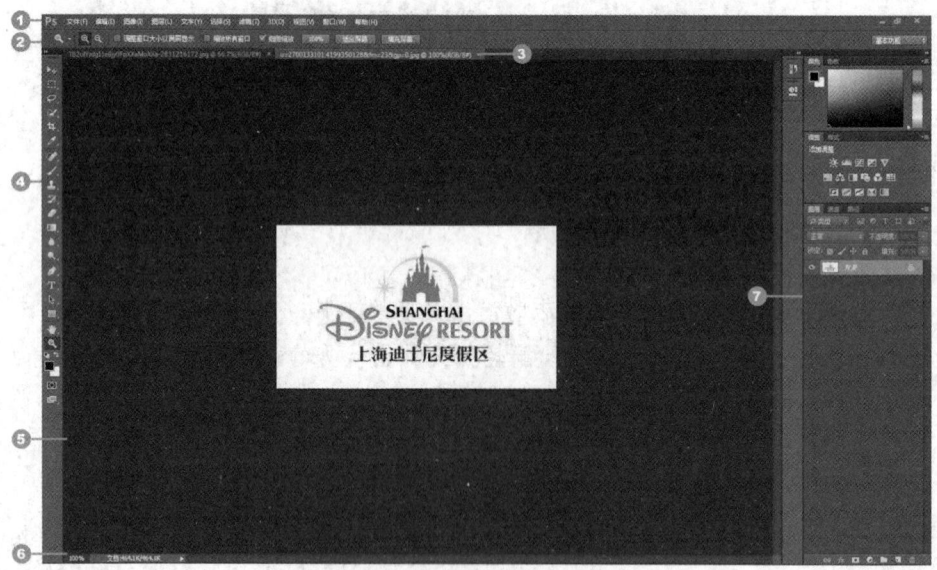

图 3-1　Photoshop 的工作界面

表 3-1　Photoshop 的工作界面主要组件的作用

序号	名称	作用
①	菜单栏	包含可以执行的各种命令，单击菜单名称即可打开相应的菜单
②	工具选项栏	用于设置工具的各种选项，它会随着所选工具的不同而变换内容
③	选项卡	打开多个图像时，只在窗口中显示一个图像，其他的则最小化到选项卡中，单击选项卡中各个文件名便可显示相应的图像
④	工具箱	包含用于执行各种操作的工具，如创建选区、移动图像、绘图、修图等
⑤	文档窗口	文档窗口是显示和编辑图像的区域
⑥	状态栏	可以显示文档大小、文档尺寸、当前工具和窗口缩放比例等信息

续表

序号	名称	作用
⑦	面板	可以用于编辑图像。有的用于设置编辑内容，有的用于设置颜色属性

二、新建文件

新建文件常用于设计一个新的主图、海报、首页、详情页等，新建文件可以设置文件的大小、背景、像素等内容。

第 1 步：启动 Photoshop 后，单击"文件"菜单，执行"新建"命令，如图 3-2 所示。

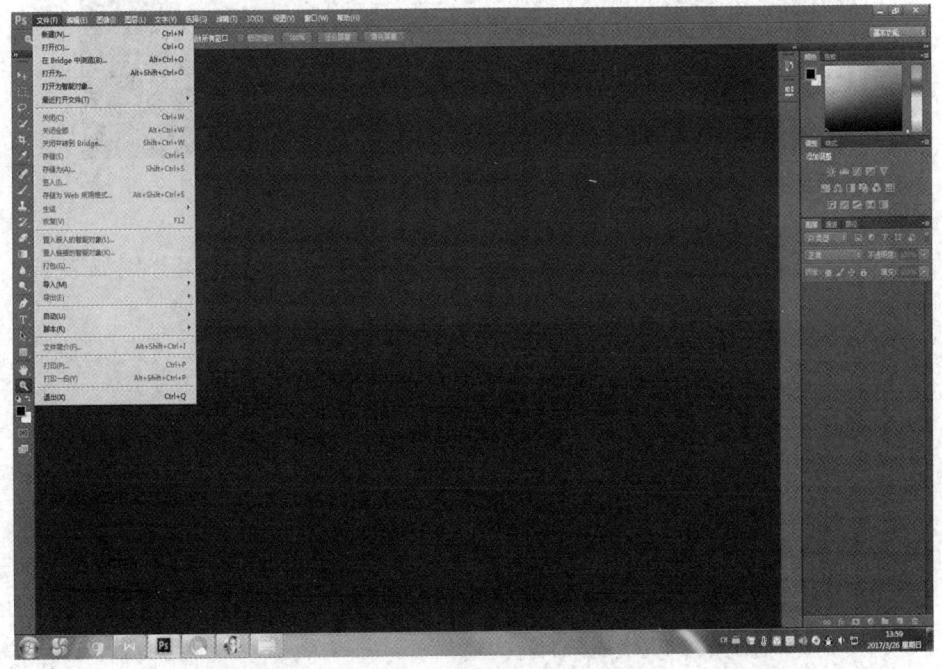

图 3-2 "新建"命令

第 2 步：打开"新建"对话框，在对话框中输入文件名称，设置文件尺寸、分辨率、颜色模式和背景内容等选项，图 3-3 是按照淘宝主图的要求而设置的。单击"确定"按钮即可创建一个空白文档。

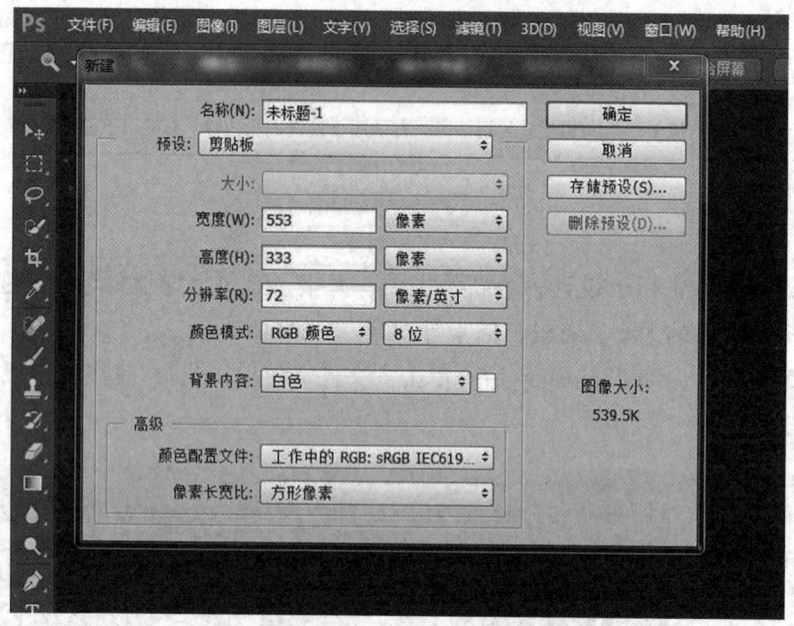

图 3-3 "新建"命令中需要设置的选项

在"新建"对话框中，做网店装修需要设置的选项作用分别如表 3-2 所示。

表 3-2 "新建"命令中需要设置的选项作用

选项	作用
名称	可输入文件的名称，也可以使用默认的文件名"未标题-1"。创建文件后，文件名会显示在文档窗口的标题栏中。保存文件时，文件名会自动显示在储存文件的对话框内
宽度/高度	可输入文件的宽度和高度。在右侧可选择一种单位，做网店选择"像素"
分辨率	可以输入文件的分辨率，网页图片一般设置为72像素/英寸。在右侧选项可以选择分辨率的单位，这里应选择"像素/英寸"
颜色模式	可选择文件的颜色模式，网店装修中一般使用"位图""RGB颜色"
背景内容	可以选择文件背景内容，包括"白色""背景色"和"透明"
存储预设	单击该按钮，打开"新建文档预设"对话框，输入预设的名称并选择相应的选项，可以将当前设置的文件大小、分辨率、颜色模式等创建为一个预设。以后需要创建同样的文件时，只需要在"新建"对话框的"预设"下拉列表中选择该预设即可，这样就省去了重复设置选项的麻烦

续表

选项	作用
删除预设	选择自定义的预设文件以后，单击该按钮，可将其删除，但系统提供的预设不能删除
图像大小	显示了使用当前设置的尺寸和分辨率新建文件时，文件的大小

三、打开和保存文件

第1步：启动Photoshop后，执行"文件"→"打开"命令，在"打开"对话框中选择需要打开的素材文件，单击"打开"按钮，如图3-4所示。

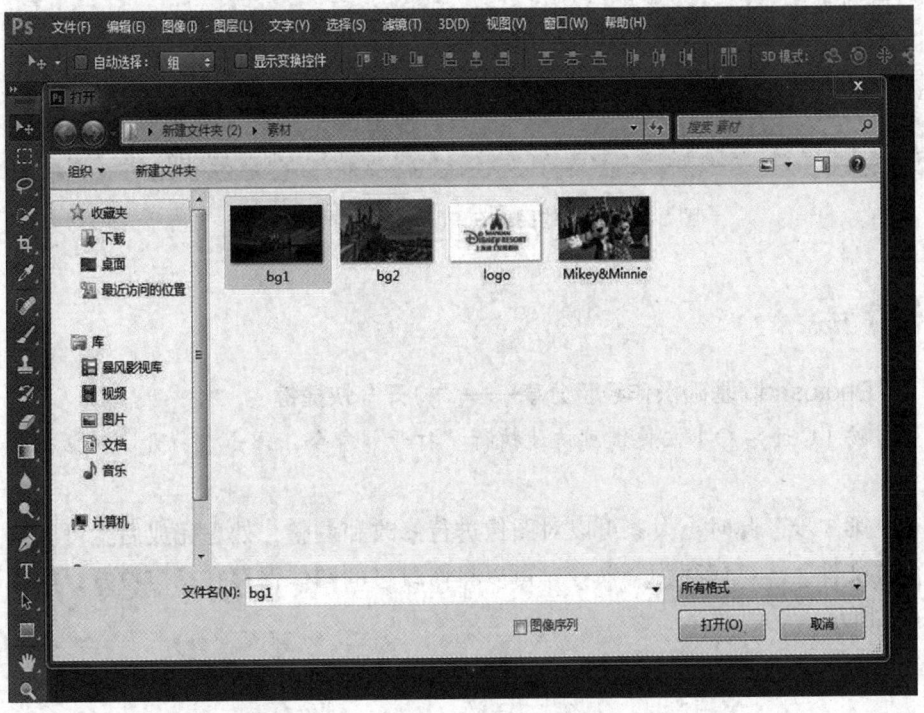

图3-4 选择需要打开的素材文件

第 2 步：此时，所选的图像在 Photoshop 界面中打开，如图 3-5 所示。

图 3-5　所选的图像在 Photoshop 界面中打开

➡ *Tips:*

Photoshop 基础操作经验分享——"打开"快捷键

按【Ctrl + O】快捷键可快速执行"打开"命令，弹出"打开"对话框。

第 3 步：此时，大家可以对图像进行修改和调整，处理完成后就可以执行"文件"→"储存为"命令，可以将修改过的图像保存在指定位置，如图 3-6 所示。

第三章　Photoshop 旅游网站视觉设计的基本技能　　47

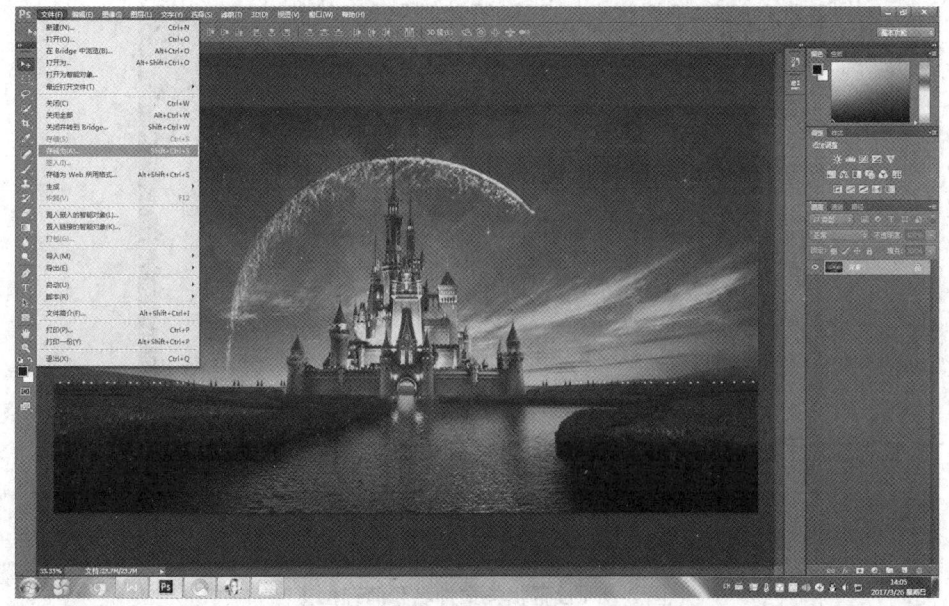

图 3-6　保存图像

第 4 步：在打开"另存为"对话框中，设置相关文件名和储存位置，单击"保存"按钮，如图 3-7 所示。

 Tips:

Photoshop 基础操作经验分享——存储文件

按【Shift+Ctrl+S】快捷键可快速执行"存储为"命令，打开"存储为"对话框。当用户确定文件的保存位置后，可执行"文件"→"存储"命令对文件进行保存，"存储"命令和"存储为"命令不一样的地方在于"存储"命令是将文件保存在原来的存储位置，对原文件进行替换保存；而"存储为"命令可将文件保存在另外路径下，以一个新的文档进行保存。

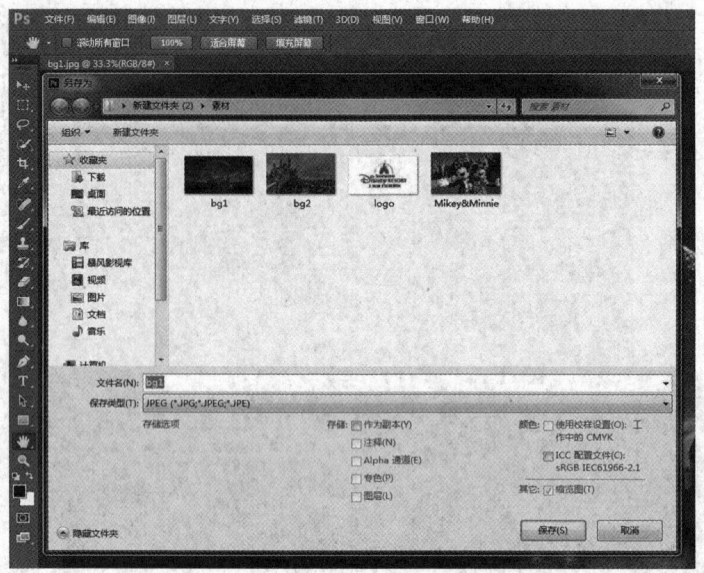

图 3-7　设置相关文件名和储存位置

第二节　常用的修图工具

Photoshop 中，除了对文件进行新建、打开、保存操作外，更重要的是对摄影师拍好的照片进行修图，修好的图可以应用于网店的各个地方，下面一起来学习这些最常用的修图工具。

一、选区工具

选区工具是对图像的整体或者局部进行选择、复制、删除等操作，当进行图像合成和编辑时经常会用到，还可以对选区内的图像进行各种处理。

第 1 步：打开素材文件 Mikey&Minnie.jpg，可以看到画面中的图像有浅色的背景，可以把背景去掉，选择"快速选择工具"，在选项栏中单击"添加到选区"按钮，在画面背景中拖动鼠标即可创建选区，如图 3-8 所示。

第三章 Photoshop 旅游网站视觉设计的基本技能　　49

图 3-8　在画面背景中拖动鼠标即可创建选区

第 2 步：继续在图像背景中拖动鼠标，可将鼠标经过的背景区域创建为选区，细节的地方需要放大图像并将"快速选择工具"的画笔大小调小，还可通过单击选项栏的"从选区减去"图按钮，将多创建的选区剪掉，选区创建完成后如图 3-9 所示。

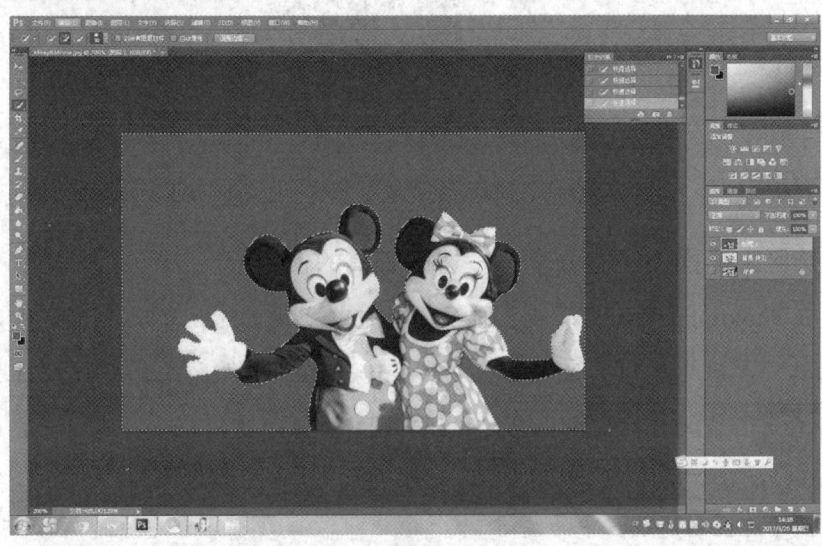

图 3-9　选区创建完成

第3步：一般情况下，"背景"图层为锁定状态不能编辑，双击背景图层，可将图层修改为普通图层，如图3-10所示。

图3-10　修改图层

第4步：此时即可对选区内容进行编辑，如按【Delete】键可快速删除选区内容，效果如图3-11所示。

图3-11　删除选区内容

➔ *Tips:*

选区工具操作经验分享——选区工具的使用

在Photoshop的工具箱中，选区工具包括规则的选区工具和不规则的选区工具，常用的规则选区工具包括"矩形选框工具"、"椭圆选框工具"，直接在画面中拖动鼠标即可创建选区，选项栏中也有属于自己的"添加到选区"、"从选区减去"等按钮，便于选区创建过程中的编辑。

不规则的选区工具用于创建不规则选区,包括"快速选择工具"、"磁性套索工具",当产品边缘与背景比较明显时,"磁性套索工具"可以围绕产品边缘进行吸附并创建选区。"快速选择工具"也可对颜色相近的范围进行识别并创建选区,它们的选项栏也有可以编辑选区的按钮。当选区创建完成后,可以对选区进行删除、复制、粘贴、变换、旋转等操作。

二、污点修复画笔工具

"污点修复画笔工具";可以迅速修复图像存在的瑕疵或污点,只需在有污点的区域单击鼠标即可。

第1步:打开文件素材 bg1.jpg,可以看到图片右边有英文字母,由于有些图片不可避免地存在不需要的元素,正好又觉得这张素材图片很符合主题想要使用,此时就需要使用"污点修复画笔工具"图,在选项栏设置好画笔大小,大过污点的范围,指向污点区域,如图 3-12 所示。

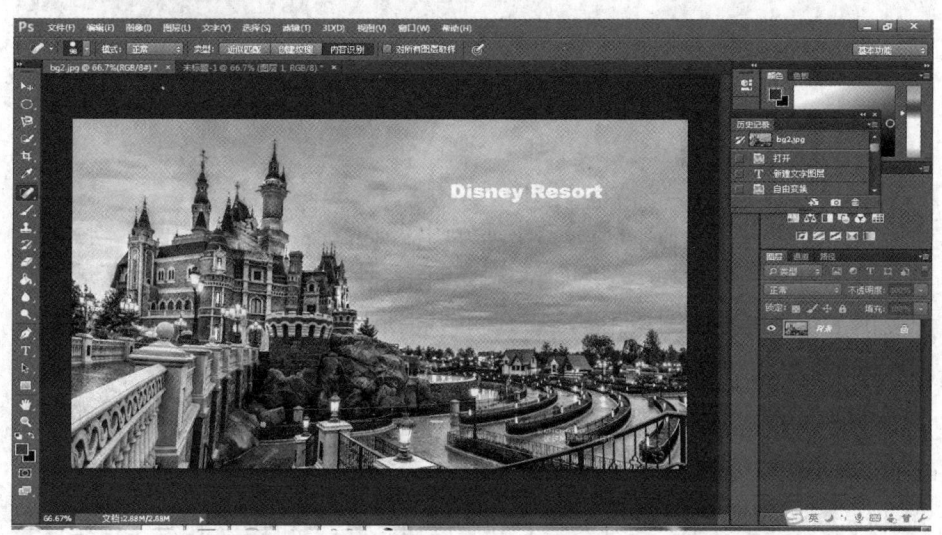

图 3-12 指向污点区域

第2步：在污点处单击即可去掉污点，如图3-13所示。

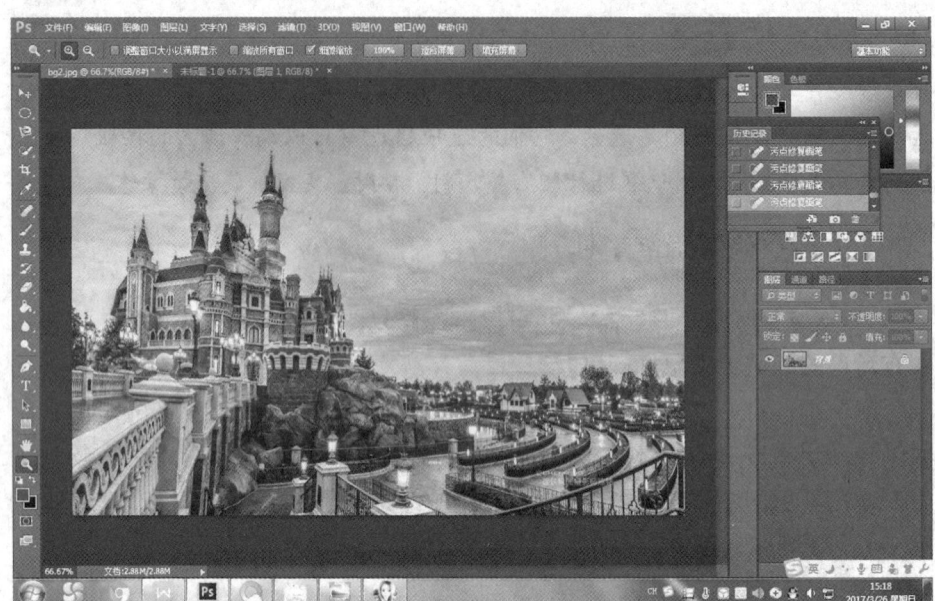

图3-13　去掉污点

三、修复画笔工具

"修复画笔工具"　　在修饰小部分图像时会经常用到。在使用"修复画笔工具"图时，应先取样，然后将选区的图像填充到要修复的目标区域，使修复的区域和周围的图像相融合，还可以将所选择的图像应用到要修复的图像区域中。

第1步：打开素材文件bg2.jpg，可以看到图片左边有几颗星星，如果要去掉，可选择"修复画笔工具"　　，在选项栏选择模式为"正常"，源为"取样"　　，此时按住【Alt】键在需要去掉的星星附近单击进行取样，如图3-14所示。

第2步：取样完成后，将鼠标指向需要去掉的星星上方，单击或拖动鼠标即可将星星去掉，如图3-15所示。此方法经常用于图片局部破坏后的复原。

第三章 Photoshop 旅游网站视觉设计的基本技能　　53

图 3-14　在去掉的星星附近单击进行取样

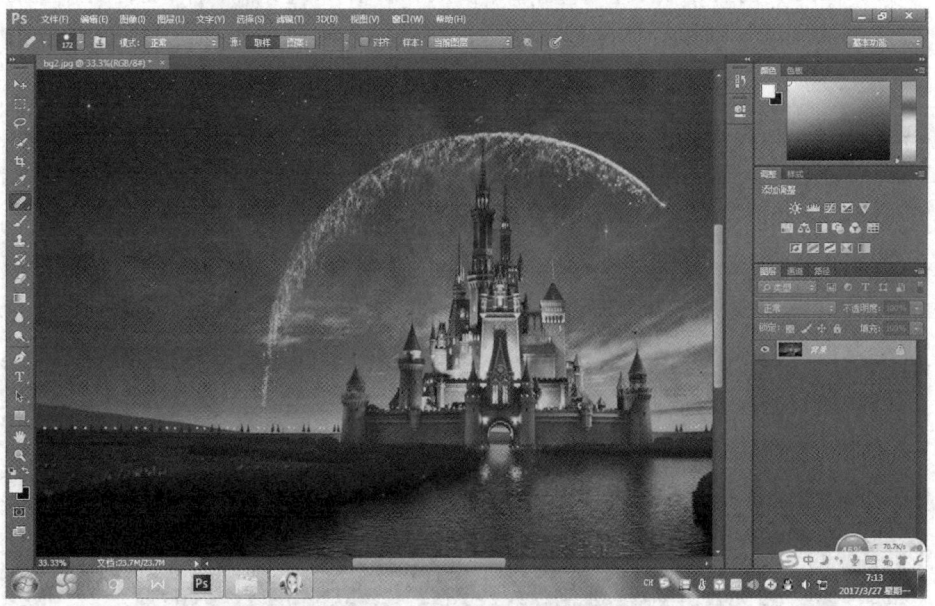

图 3-15　单击或拖动鼠标去掉星星

> ***Tips:***

修图工具操作经验分享——"仿制图章工具"图的使用

"仿制图章工具"图可以将指定的图像区域像盖章一样,复制到指定的区域中,也可以将一个图层的一部分绘制到另一个图层。"仿制图章工具"图对于复制对象或移去图像中的缺陷很有用。

使用方法与"修复画笔工具" 相同,只是"仿制图章工具"图所填充的是和取样区域相同的图像,"修复画笔工具"图填充的是与取样区域图像纹理、光照和阴影等进行匹配的图像。

四、修补工具

通过使用"修补工具" 可以用其他区域或图案中的像素来修复选中的区域。和"修复画笔工具" 一样,"修补工具" 会将取样像素的纹理、光照和阴影与源像素进行匹配。

第1步:打开素材文件 bg3.jpg,使用"修补工具" 围绕着图片上需要修饰的区域拖动鼠标创建选区范围,将鼠标指针指向所创建的选区内,如图 3-16 所示。

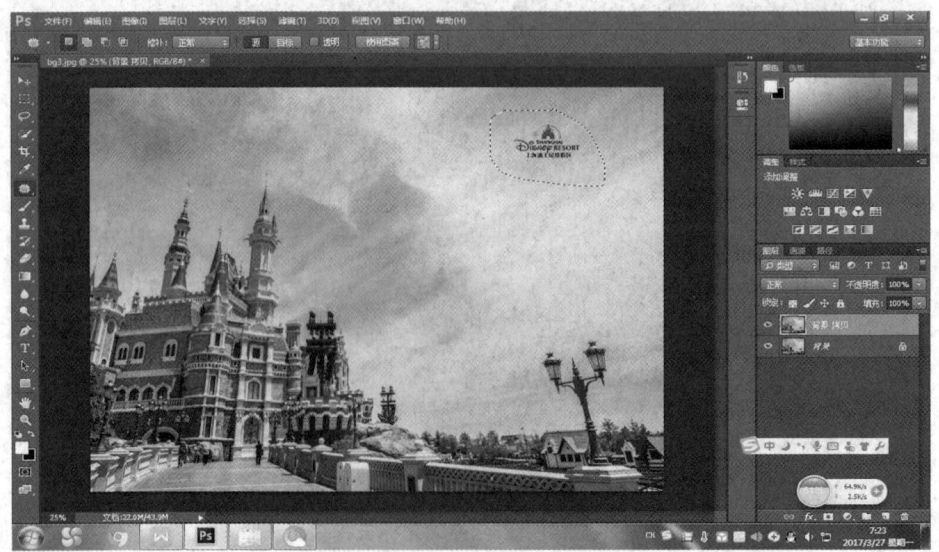

图 3-16　拖动鼠标创建选区范围

第三章　Photoshop 旅游网站视觉设计的基本技能

第 2 步：向产品中没有 logo 的区域拖动鼠标，如图 3-17 所示。

第 3 步：释放鼠标后，logo 区域修复完成，执行"选择"→"取消选择"命令即可取消选区。

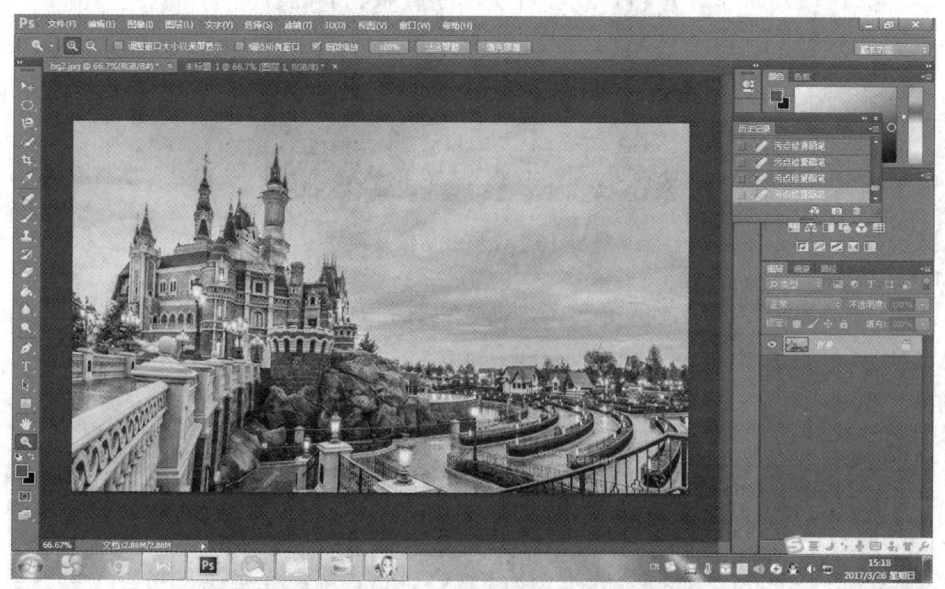

图 3-17　向产品中没有 logo 的区域拖动鼠标

Tips:

选区操作经验分享——取消选择快捷键

只需要单击"选择"菜单即可打开"选择"菜单，在菜单中包括选择、取消选择、调整、修改等很多对选区进行编辑的菜单命令。经常使用的"取消选择"快捷键为【Ctrl+D】。

五、裁剪工具

"裁剪工具" 是将选取的图像区域保留，而将没有被选取的图像区域删除的一种图像编辑工具。利用"裁剪工具"图可以删除不需要的部分，以调整图像的整体构图。

第 1 步：打开素材文件 bg4.jpg，选择"裁剪工具" ，在选项栏设置裁剪像素尺寸，如图 3-18 所示。

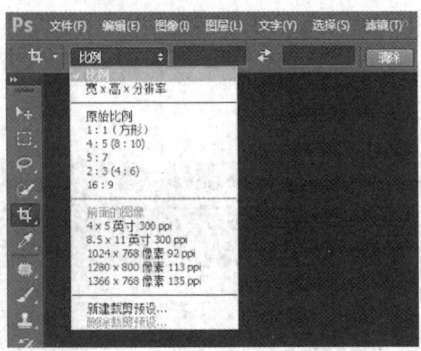

图 3-18 设置裁剪像素尺寸

将鼠标指针指向裁剪范围内,拖动鼠标将画面移动到合适的范围,如图 3-19 所示。

第 2 步:按【Enter】键确定裁剪,裁剪效果如图 3-20 所示。

图 3-19 将画面移动到合适的范围

第三章 Photoshop 旅游网站视觉设计的基本技能

图 3-20　确定裁剪

 *Tips:*

裁剪工具操作经验分享——直接拖动裁剪边框确定裁剪范围

　　当选择"裁剪工具"图后，图像边缘会出现裁剪边框，如果将鼠标指向任意一个控制点，鼠标指针将会发生变化，分别指向不同区域，鼠标指针效果不同，分别为左上角图、右上角图、上边缘和下边缘图、右边缘和左边缘图、左下角图、右下角图。此时，拖动鼠标即可对裁剪范围进行调整，向内拖动是缩小裁剪范围，向外拖动是扩大裁剪范围。如将鼠标指针置于裁剪区域的左上角、右上角、左下角、右下角，鼠标指针会变成图图图图，此时拖动鼠标即可旋转画面，调整画面的裁剪角度。

第三节　图层面板的应用

　　图层是 Photoshop 的核心内容之一，它承载了几乎所有的编辑操作。如果没有图层，所有的图像都将处在同一个平面上，这对于图像的编辑来说简直是无法想象的。本节将介绍美工常用图层的操作。

一、认识图层面板

"图层"面板用于创建、编辑和管理图层，以及为图层添加样式。面板中列出了文档中包含的所有图层、图层组和图层效果，如图3-21所示。各项组件的含义如表3-3所示。

图3-21 "图层"面板

表3-3 "图层"面板中各组件含义

序号	含义
①	选取图层类型：当图层数量较多时，可在该选项下拉列表中选择一种图层类型（包括名称、效果、模式、属性、颜色）或者通过旁边的按钮查找（像素图层、调整图层、文字图层、形状图层、智能滤镜图层），让"图层"面板只显示此类图层。单击右侧的按钮可以启用或停用图层过滤功能
②	设置图层混合模式：用于设置当前图层的混合模式，使之与下面的图像混合

续表

序号	含义
③	设置图层不透明度：用来设置图层的不透明度，使之呈现不透明度状态，让下面图层中的图像内容显示出来
④	图层锁定按钮：用于锁定当前图层的属性，使其不可编辑，包括透明像素、图像像素、位置和锁定全部属性
⑤	设置填充不透明度：用来设置当前图层的填充不透明度，它与图层不透明度相似，但是不会影响图层效果
⑥	当前图层：当前选择和正在编辑的图层
⑦	图层组：折叠或展开图层组
⑧	图层显示标志：有该图标的图层为可见图层，单击它可以隐藏图层。隐藏了的图层不能进行编辑
⑨	调整图层和图层样式：调整图层可以在不破坏图像源文件的情况下，对图像执行调整命令，并且此命令以添加一个新的调整图层的方式存在，可反复编辑；添加图层样式操作可通过单击面板底部的"添加图层样式"图按钮，对图层添加样式
⑩	图层锁定图标：显示该图标时，表示图层处于锁定状态
⑪	快捷操作图标：图层操作常用快捷按钮，从左至右为"链接图层"图按钮、"添加图层样式"图按钮、"创建图层蒙版"图按钮、"创建新的调整或填充图层"图按钮、"创建图层组"图按钮、"创建新图层"图按钮和"删除图层"图按钮

二、图层基本操作

认识了图层的基本概念后，即可开始进行图层的创建与删除、图层的移动与复制、图层的链接、图层的显示与隐藏等一系列的调整操作，方便在图像处理过程中灵活使用图层进行各种编辑操作。

图层的操作可以通过两种方法实现：一是通过执行"图层"菜单中的菜单命令；二是直接通过"图层"面板下的图层按钮，使用熟悉后，可使用"图层"菜单中每个菜单命令后的快捷键。

下面主要介绍一些特别适用的快速使用图层的功能和技巧。

（一）快速找到需要的图层

有没有在图层太多时，出现不知所措、无法找到自己需要的那个图层的情况？别担心，当出现这种情况时，选择"移动工具" ，勾选属性栏的"自动选择"复选框。此时，就可以在操作窗口中单击所需要的区域，而所单击的区域所在图层即可被快速选中，如果将自动选择的范围设置为组，那么即可快速选中所需要的图层组。

当图层被锁定后就不能直接使用"移动工具"快速找到此图层了。这时可以按住【Alt】键，再单击需要的图层内容，即使它是锁住的，也能快速选中。

（二）快速对齐图层内容

选择"移动工具"后，使用属性栏的一排对齐按钮，可以快速将选中的图层内容进行对齐，也可通过执行"图层"→"对齐"命令来实现。

（三）非破坏性编辑

当使用"调整"菜单中的命令对图像进行偏色调整或色彩矫正时，这样调整后的图像已经完全失真，已无法进行再次编辑。这时，可单击"图层"面板底部的"创建新的调整或填充图层"图按钮，在打开的菜单中选择需要执行的调整命令为图像添加调整图层，这样所有的调色操作都在"属性"面板中进行，调整后还可通过"属性"面板对这些参数进行再次编辑。

（四）批量显示或隐藏图层

当"图层"面板中有多个图层时，需要快速隐藏大部分图层或图层组，留下一部分内容观察效果，这时只需要按住【Alt】键，单击图层前的"指示图层可见性"图标不放，并向需要隐藏图层的方向拖动，即可将鼠标经过的图层范围都隐藏，再次执行此操作，又可以将隐藏掉的图层快速显示出来。

当只需要显示一个图层，隐藏其他所有图层时，按住【Alt】键再单击图层前的"指示图层可见性"图标，即可只显示所单击的这个图层，隐藏其余图层。

（五）快速展开或收起图层

当文档中的设计元素越来越多，图层组的建立无疑是一个很好的分类方式，但同时，这也带来了寻找图层组的麻烦。其实这时只需要按住【Ctrl】键，单击图层前的收展按钮，即可将所有的图层组瞬间全部折叠起来，方便大家快速找到自己需要的图层组。

第四节　图像的调整和输出

这里的图像调整是指对图像的色调、色彩、曝光等进行调整，输出是指将图像进行切图和优化，这是美工处理产品图时经常使用到的。

一、图像的调整

当产品的拍摄效果不能满足设计需要时，就需要对图像进行调整，如调整偏色的产品、为产品图添加曝光度、提亮产品效果等。

这些功能都集中在 Photoshop 的"图像"→"调整"菜单中，也可通过"图层"面板下的"创建新的调整或填充图层" ⬤ 按钮，添加调整图层对画面进行调整。下面对美工使用最多的几个菜单命令进行介绍。

（一）色阶

"色阶"是 Photoshop 最为重要的调整工具之一，它可以调整图像的阴影、中间调和高光的强度级别，校正色调范围和色彩平衡。也就是说，"色阶"不仅可以调整色调还可以调整色彩。如图 3-22 所示对话框中的各选项作用如下。

在"色阶"对话框中，各选项含义如表 3-4 所示。

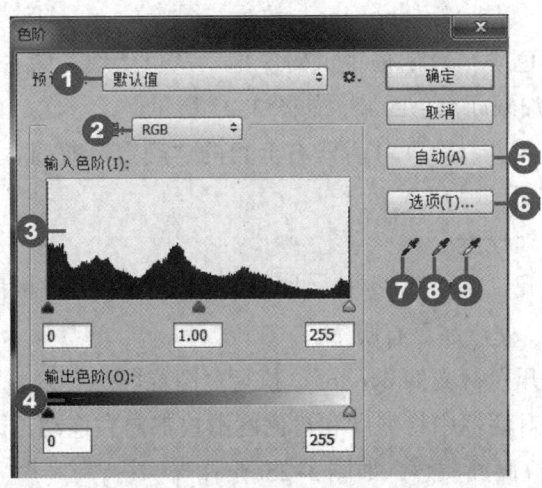

图 3-22　"色阶"对话框

表 3-4　"色阶"对话框各选项含义

序号	名称	含义
①	预设	单击"预设"选项右侧的图按钮,在打开的下拉列表中选择"储存"命令,可以将当前的调整参数保存为一个预设文件。在使用相同的方式处理其他图像时,可以用该文件自动完成调整
②	通道	可以选择一个通道进行调整,调整通道会影响图像的颜色
③	输入色阶	用于调整图像的阴影、中间调和高光区域。可拖动滑块或者在滑块下面的文本框中输入数值进行调整
④	输出色阶	可以限制图像的亮度范围,从而降低对比度,使图像呈现褪色效果
⑤	自动	单击该按钮,可应用自动颜色校正,Photoshop会以0.5%的比例自动调整图像色阶,使图像的亮度分布更加均匀
⑥	选项	单击该选项,可以打开"自动颜色校正选项"对话框,在对话框中可以设置黑色像素和白色像素的比例
⑦	设置白场	使用该工具在图像中单击,可以将单击点的像素调整为白色,比该点亮度值高的像素也都会变为白色
⑧	设置灰点	使用该工具在图像中单击,可根据单击点像素的亮度来调整其他中间色调的平均亮度。通常使用它来校正色偏
⑨	设置黑场	使用该工具在图像中单击,可以将单击点的像素调整为黑色,原图中比该点暗的像素也变为黑色

下面对一张比较灰的产品画面进行处理。

第 1 步:打开素材文件 bg5.jpg,执行"图像"→"调整"→"色阶"命令,在打开的"色阶"对话框中,向左拖动灰色滑块,向右拖动黑色滑块,调整画面效果增加画面黑色区域,如图 3-23 所示。

第 2 步:单击"色阶"对话框右上角的"确定"按钮,即可确定调整,效果如图 3-24 所示。

（二）亮度 / 对比度

"亮度 / 对比度"命令可调整一些光线不足、比较昏暗的图像。下面通过此命令调整画面,使产品更有质感。

第 1 步:打开素材文件 bg6.jpg,执行"图像"→"调整"→"亮度 / 对比度"命令,在对话框中将亮度和对比度滑块都向右拖动,即可增加画面亮度和对比度,提高画面质感,如图 3-25 所示。

第三章　Photoshop 旅游网站视觉设计的基本技能

图 3-23　调整色阶

图 3-24　调整色阶后效果

图 3-25 调整亮度/对比度

第 2 步：单击"亮度/对比度"对话框右上角的"确定"按钮，即可确定调整，效果如图 3-26 所示。

图 3-26 调整亮度/对比度后效果

（三）色彩平衡

通过"色彩平衡"命令可调整图像有阴影区、中间调和高光区的各色彩部分，并混合色彩以达到平衡。下面通过一个案例介绍如何使用"色彩平衡"调整产品偏色。

第 1 步：打开素材文件 bg7.jpg，执行"图像"→"调整"→"色彩平衡"命令，根据画面效果在对话框中设置参数，由于下面的产品偏绿，所以通过在"色彩平衡"对话框中向产品偏色的反方向拖动滑块即可调整偏色，如图 3-27 所示。

图 3-27　调整色彩平衡

第 2 步：单击"色彩平衡"对话框右上角的"确定"按钮即可确定调整，效果如图 3-28 所示。

（四）自然饱和度

"自然饱和度"是用于图像饱和度的命令，它的特别之处是可在增加饱和度的同时防止颜色过于饱和而出现溢色。

第 1 步：打开素材文件 bg8.jpg，执行"图像"→"调整"→"自然饱和度"命令，在"自然饱和度"对话框中对比画面效果向右拖动滑块，如图

3-29 所示。

图 3-28 调整色彩平衡后效果

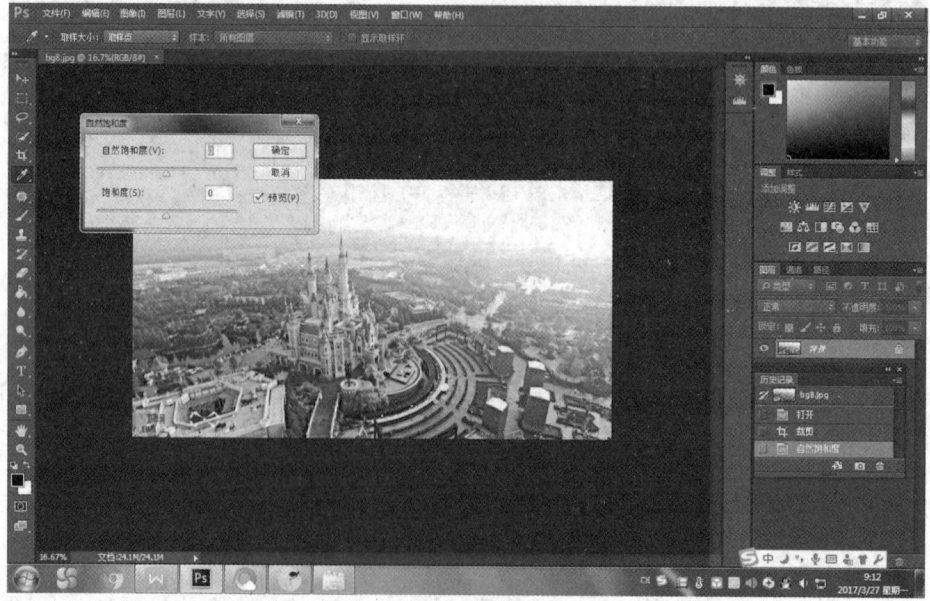

图 3-29 调整自然饱和度

第三章 Photoshop 旅游网站视觉设计的基本技能

第 2 步：单击"自然饱和度"对话框右上角的"确定"按钮即可确定调整，效果如图 3-30 所示。

图 3-30　调整自然饱和度后效果

> **Tips：**
>
> **图像的调整经验分享——常用调整命令的使用**
>
> 当对图像进行调整时，最好是使用单击"图层"面板底部的"创建新的调整或填充图层"按钮来进行调整，这是在"属性"面板中对图像进行调整。
>
> 在常用的这几个调整命令中，按【Ctrl+L】快捷键可以快速执行"色阶"菜单命令，按【Ctrl+B】快捷键可快速执行"色彩平衡"菜单命令。

二、图像的输出

要将设计好的图像放置到网店中，需要将图像进行切片，并保存为 Web 格式。下面介绍图像进行规则切片后，输出图像的过程。

第 1 步：打开素材文件 card.jpg，执行"视图"→"标尺"命令，用鼠标右键单击标尺选择显示方式为"像素"。选择"移动工具" ，从上方的标尺向下拖动鼠标指针，创建一条水平参考线；依次从左侧的标尺向右拖动鼠标指针再次创建水平的两条参考线。

第 2 步：选择"切片工具" ，单击属性栏"基于参考线切片"按钮，即可基于画面中的参考线快速创建切片，此时画面中有 3 个切片，如图 3-31 所示。

图 3-31 快速创建切片

第 3 步：由于前面基于参考线切片将标题区域也自动分成了 3 个切片，但是我们需要标题区域是一个整体，那么按住【Shift+Ctrl+Alt】快捷键依次选中标题区域中的 3 个切片，选中后用鼠标右键单击切片，在打开的快捷菜单中选择"组合切片"命令，如图 3-32 所示。

第 4 步：执行"文件"→"存储为 web 所用格式"命令，在打开的对话框中，依次选择左侧窗口中的切片，在右侧区域对切片进行优化设置，设置完成后单击"存储"按钮，如图 3-33 所示。

第三章 Photoshop 旅游网站视觉设计的基本技能

图 3-32 组合切片

图 3-33 存储为 web 所用格式

第5步：在打开的"将优化结果存储为"对话框中，设置文件名与格式，这里的格式选择图像，再单击"保存"按钮，如图3-34所示。

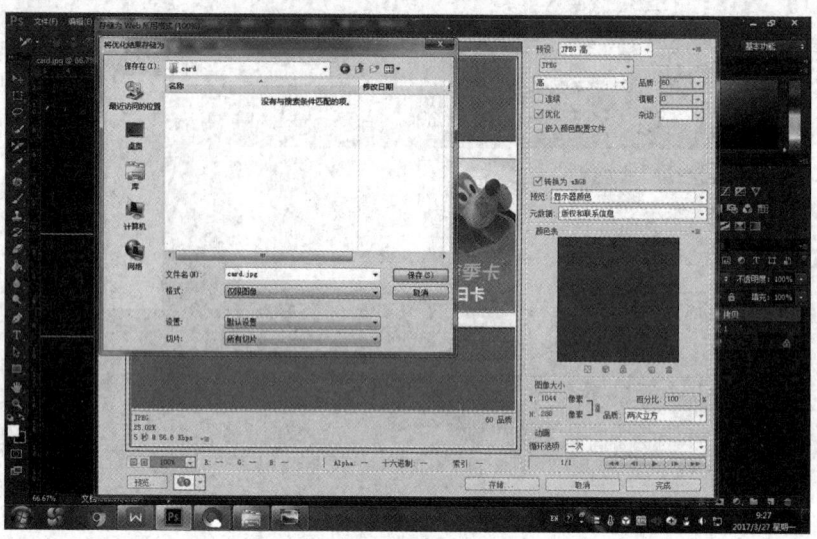

图3-34 设置文件名与格式

第6步：此时，在我们所选择的存储文件夹中有一个images文件夹，打开文件夹可查看已切好的图片，如图3-35所示。

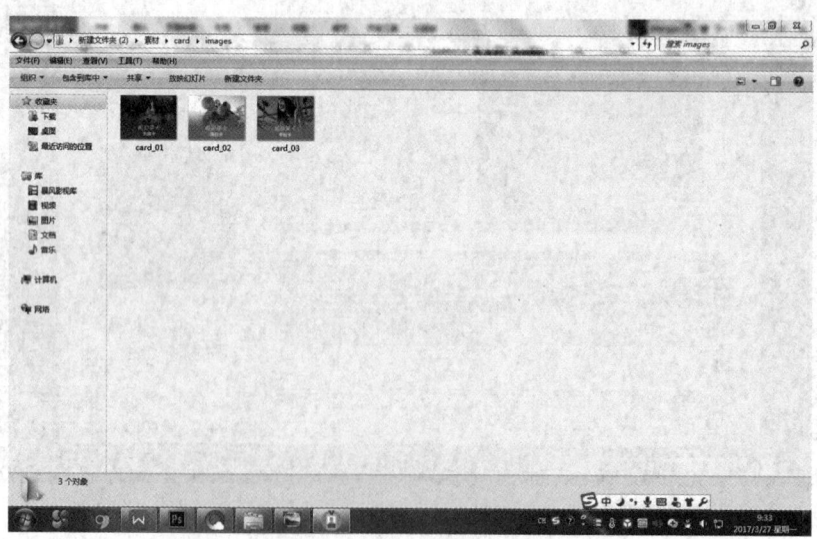

图3-35 查看所切好的图片

第三章　Photoshop 旅游网站视觉设计的基本技能

> **Tips:**
>
> **图像输出经验分享——输出技巧**
>
> 按【Ctrl+R】快捷键可快速显示标尺。如果参考线创建错误，只需要将参考线向左侧或上方拖动，直到拖动到边缘处即可删除参考线。储存为 Web 格式快捷键为【Alt+Shift+Ctrl+S】。

大部分的网店美工都曾经做过平面设计，因为拥有平面设计的基础无疑是美工的一大优势，在设计效果和视觉表现上都能做到很好。但是，由于行业的关系，实体图像和网页图像存在一定差异，下面进行详细介绍。

三、图片格式

平面设计中使用的图片是不能压缩的，要么使用源文件印刷输出，要么保存为 tiff 无损压缩格式。而网店设计中为了保证图片品质好、图像小、色彩丰富，一般将图片保存为 .jpg 或 .gif 格式。

对于色彩丰富的实物照片，保存为 .jpg 格式；对于颜色数少于 256 色的图片，保存为 .gif 格式，这样的保存能最大限度地提高图片品质、降低图片尺寸，如图 3-36 所示。

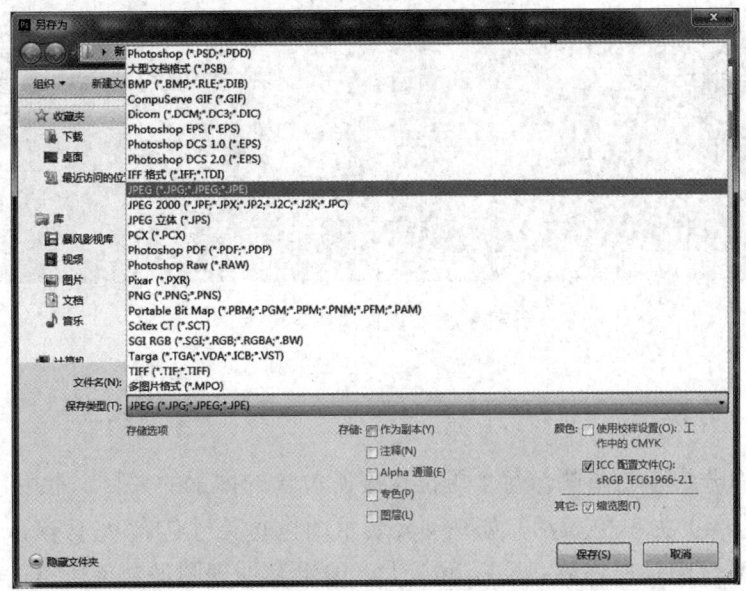

图 3-36　图片的格式

四、颜色模式

做平面设计使用 CMYK 印刷模式，这样的模式不能直接应用于网页设计。网页设计使用的是 RGB 的屏幕显示模式。

RGB 颜色模式主要包括 3 个色彩：红（R）、绿（G）、蓝（B），它是所有显示屏、投影及其他传递或过滤光线的设备所依赖的色彩模式。就编辑图像而言，RGB 色彩模式是屏幕显示的最佳模式，但是 RGB 色彩模式的图像必须转换为 CMYK 颜色模式的图像，才能打印。

如果要将图像的色彩模式转换为 RGB 色彩模式，则执行"图像"→"模式"→"RGB 颜色"命令即可，如图 3-37 所示。

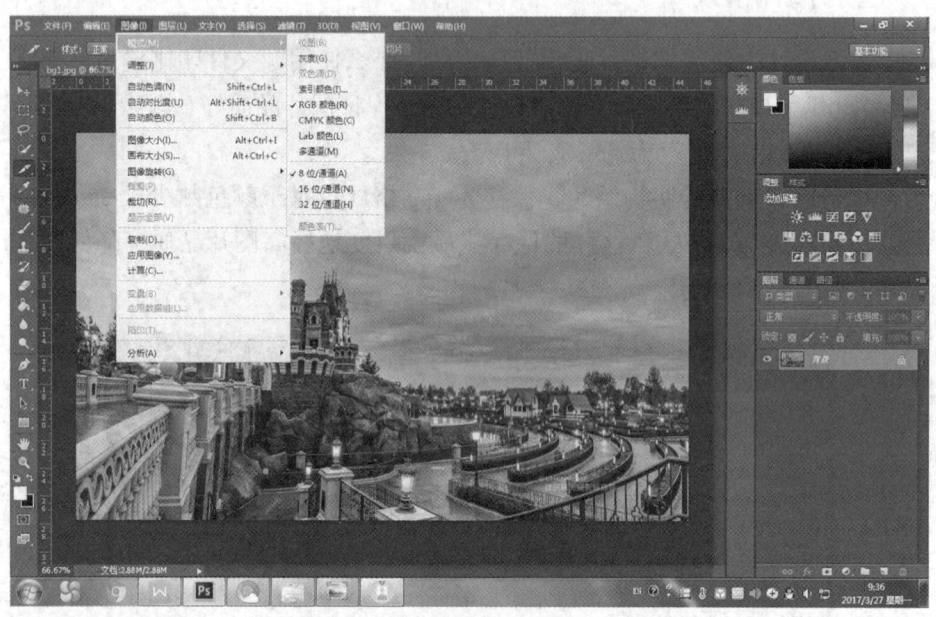

图 3-37　图像的色彩模式

五、分辨率

图像分辨率是指图像每个单位长度所包含的像素的数目，常用"像素/英寸"（ppi）为单位表示，如 96 ppi 表示图像每英寸包含 96 像素或点。分辨率越高，图像所占磁盘空间就越大，编辑和处理图像文件所需的时间就越长。

第三章　Photoshop 旅游网站视觉设计的基本技能　　73

在分辨率不变的情况下改变图像尺寸，则文件大小将发生变化，尺寸大则保存的文件大。若改变分辨率，则文件的大小也会改变。

平面设计要求分辨率需要 300 像素 / 英寸以上，而网页中只需要 72 像素 1 英寸即可，通过执行"图像"→"图像大小"命令（查看图像大小快捷键为【Alt+Ctrl +I】），即可在打开的"图像大小"对话框中查看图像的分辨率，如图 3-38 所示。

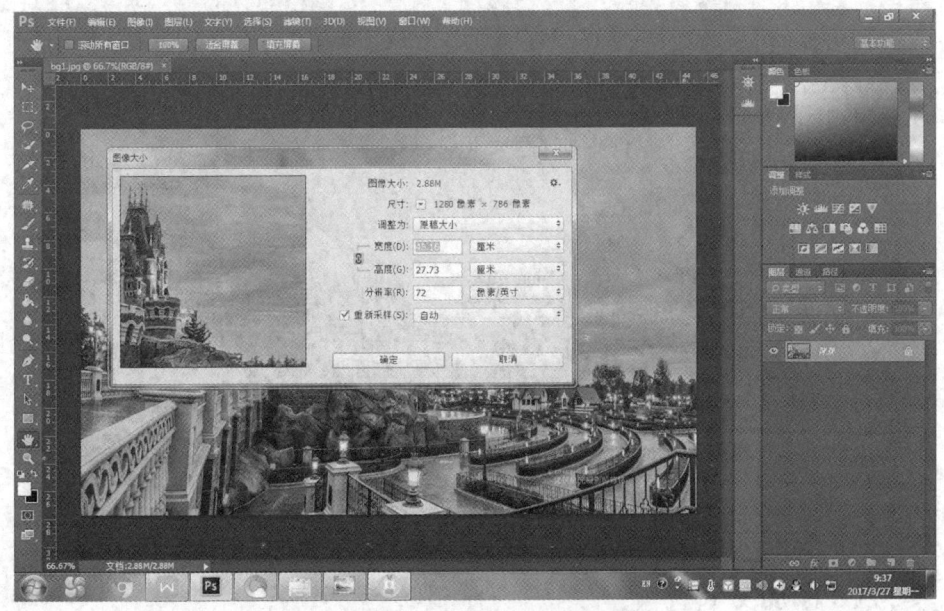

图 3-38　查看图像的分辨率

平面设计的尺寸都是现实生活中实际量出来的尺寸，在屏幕上虽然看不出真实的尺寸效果，最终印刷出来却是标准的，以"毫米""厘米"为单位；而网页中显示的图片，在 Photoshop 里以百分之百的大小显示出来是多大，在网页中显示就是多大，是以像素为单位的。

 *Tips:*

选区操作经验分享——取消选择快捷键

在 Photoshop 中，可以通过选择"缩放工具" 🔍 后，用鼠标右键单击操作窗口中的图像，在打开的快捷菜单中选择百分之百显示命令即可快速百分之百显示图像的实际大小。还可以通过执行"视图"→"100% 命令"（显示图像实际大小快捷键为【Ctrl+1】）快速显示图像实际大小，如图 3-39 所示。

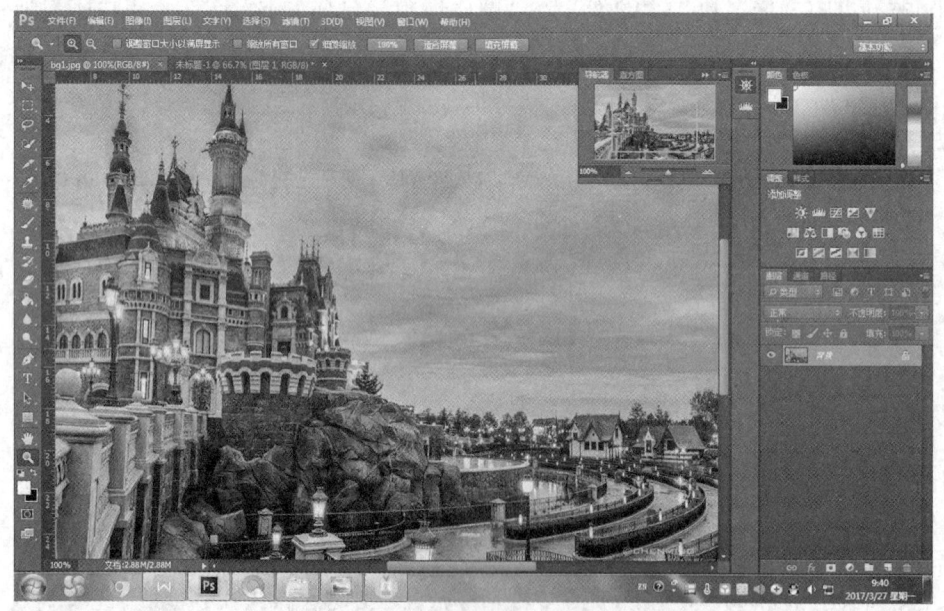

图 3-39　快速显示图像实际大小

六、添加文字

第 1 步：打开素材文件 bg9.jpg，选择文字编辑 功能下的"横排文字工具"。

第 2 步：在图片上想要输入文字的位置输入"DISNEY RESORT"，如图 3-40 所示。在右侧"字体"对话框中可以调整文字的颜色、字体、大小，编辑完成后，效果如图 3-41 所示。

第三章 Photoshop 旅游网站视觉设计的基本技能 75

图 3-40 输入文字

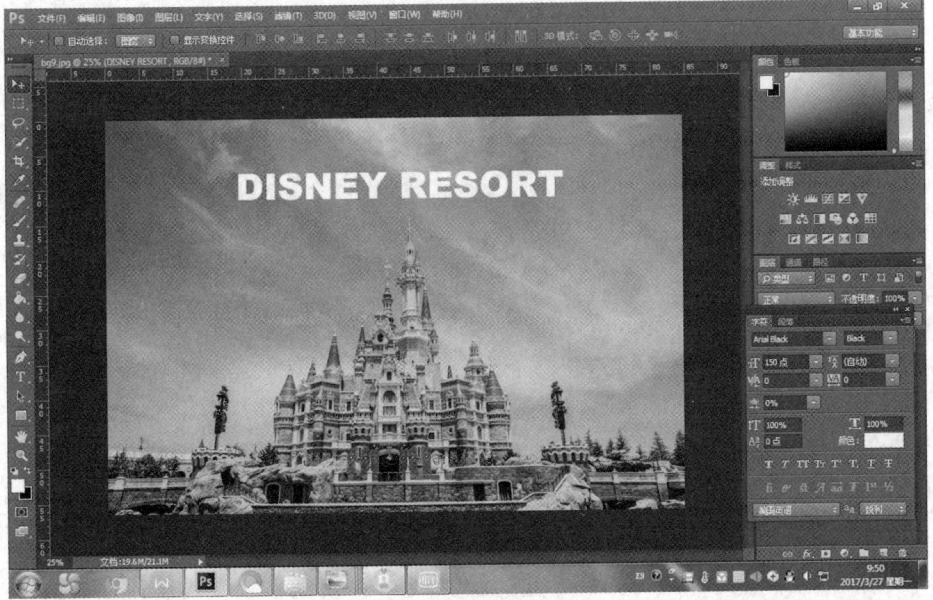

图 3-41 调整文字后效果

在平面设计作品中使用的字体，可以一起打包到印刷厂，印刷出来的和设计的字体显示效果是完全一致的。而网页中显示的作品字体是以图片的形式显示出来的，并不能直接将所使用的各种眼花缭乱的字体显示出来。

而对于字号，当平面设计师设计一张名片，使用的字体稍小，或许印刷出来比较清楚，而在网页中小文字最佳的显示效果是宋体12号，再小就看不清了。

七、图片元素的素材品质

平面设计中，使用的素材必须是高清的，并且一定要达到300像素/英寸，或者更高的分辨率才能满足设计作品的印刷需求。而网页中的素材要求并不是那么高，只要图像清晰，素材达到72像素/英寸即可。

第四章　旅游网站主图设计

【本章导读】

在旅游网站设计中千万不能忽视产品主图的设计，在产品详情页中最重要也最吸引用户的就是产品主图。网页旅游网站视觉设计中产品主图如果做得好、具有吸引力，就能吸引用户继续关注，本章我们来学习产品主图的设计方法与技巧。

【知识要点】

本章通过介绍主图规范、构图等主图设计的方法技巧，教大家怎样通过主图的设计来提高旅游产品的自然搜索量，本章需要掌握的相关技能知识如下：

1. 主图的重要性；
2. 主图的视觉设计元素；
3. 主图的设计原则与技巧。

第一节　主图的重要性

一张优质的主图可以节省一大笔推广费用，这也是很多店铺在没有做推广费用的情况下，依然能吸引到很多流量的主要原因。

主图是买家通过搜索的必经之路。无论买家是通过关键词搜索还是类目搜索，展现在眼前的第一张图片就是商品主图。因此，主图的好坏决定着买家的关注程度，并影响买家是否单击所看到的主题并进入店铺。

在关键词输入正确的情况下，决定买家是否单击产品的核心要素是商品主图。因为主图承载了产品的重要属性。这些特征和属性，如果在图中表现的特别成分很明显，无疑比文字更有效，更能影响买家对于产品的点击率。所以，主图在产品设计中是非常重要的一个设计点，主图的好坏直接影响点击量的多少。

第二节 主图设计原则与技巧

旅游产品的主图主要由品牌 logo、主图图片元素、主图文案三大元素组成。

一、品牌 logo

品牌 logo 是品牌视觉形象的核心，是在视觉范畴中最能激发用户对品牌认知和联想的符号。在主图中 logo 代表了产品所属品牌，一般位于主图左上角，沿用了该品牌的标准色，在设计过程中要把握好 logo 的大小，不能过小导致识别度低，也不能过大占用了主图过多的面积，在主图背景比较花哨的情况下也可以在 logo 下方添加色块以使其在视觉上更醒目。

二、主图图片元素

主图主要出现在网站的两个位置：产品的详情页面、产品搜索结果页面。因此在主图的设计中占面积最大的主图图片元素的选择尤为重要，要让用户从图片元素就能很直观地识别该产品的种类和信息，因此应选择非常具有代表性的图片元素；除此之外，因为主图也会在产品的搜索结果页面中出现，要想在用户输入关键词搜索到的同类产品中脱颖而出，迅速抓住用户眼球，并且激发用户单击查看该产品的详情页面，就需要在图片元素的选择上下工夫，做到醒目且有代表性。例如图 4-1 所示。

第四章　旅游网站主图设计

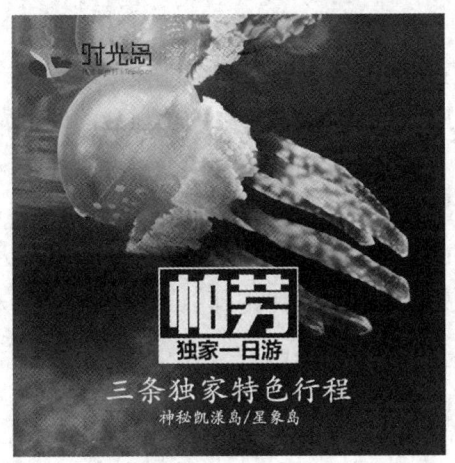

图 4-1　主图　上海潘博网络科技有限公司　肖洁妹　设计作品

三、主图文案

在主图中除了品牌 logo 和产品图片元素之外，就是文案。

文案分为两种：产品名称和促销性关键词。这两种不同的文案类别的处理上需要用不同的手法，如图 4-2 所示。

图 4-2　主图　上海潘博网络科技有限公司　胡雪婷　设计作品

（一）产品名称

产品名称在信息层级的角度上比促销性关键词要高，因此在设计上需要更醒目强烈一些，比如使用和背景对比比较强烈的颜色，比较粗的字体，比较大的字号等。

（二）促销性关键词

促销性关键词在信息层级的角度上次于产品名称，因此在设计上需要弱于产品名称，比如使用与背景对比不那么明显的颜色、相对细一些的字体、小一些的字号等。

 课后练习

为自拟主题网店商品进行主图策划设计。

要求：

1. Logo 使用符合该品牌视觉形象规范，大小适当，具有识别度。
2. 主体图片选择对于该产品代表性强，在同类产品中视觉效果醒目。
3. 文案元素处理得当，按照信息层级的不同进行不同效果的表现。

学生作品案例：

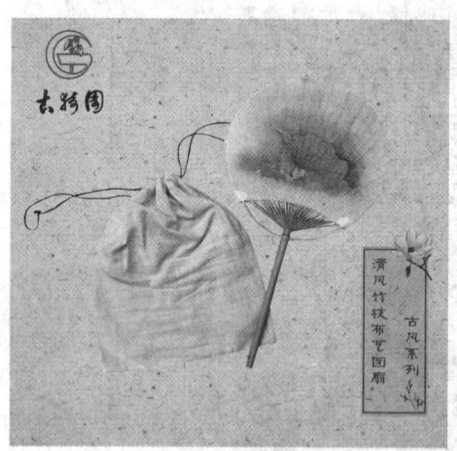 

上海师范大学天华学院 15 级旅游电商班　罗彬芮　施欣蔚　设计作品

第四章　旅游网站主图设计　　81

上海师范大学天华学院 14 级旅游电商班　刘竹椰　杨彤　卫向东　设计作品

第五章　旅游网站详情页设计

【本章导读】

在旅游网站中一个好的详情页胜过一位优秀的导购，产品详情页是流量进入的第一入口，流量进来后是否留得住并有所转化，看的就是设计的页面够不够优秀与吸引人，本章通过详情页的介绍教大家轻松设计出优秀的详情页。

【知识要点】

通过本章内容的学习，大家能够学习到详情页设计的整个思路和内容，学完后需要掌握的相关知识技能如下：
1. 详情页的视觉表现；
2. 详情页的设计内容。

第一节　详情页的视觉表现

根据消费者分析以及对于自身产品卖点的提炼，根据产品风格定位开始准备所用的设计素材，包括详情页面所用的图片素材、用色、字体版式等，最后还要烘托出符合产品特色的氛围。

要确定的六大元素：色彩、字体、文案、版式、图片、氛围。

这些不仅是给用户留下好恶感的第一印象，也在一定程度上体现了店铺的实力和设计师的设计功底。

常见的详情页面构成框架，产品价值＋消费信任＝下单。详情页上半部分述说产品价值（见图 5-1），后半部分培养用户的消费信任感（见图 5-2）。对于消费者的信任感，不仅可以通过各种证书，通过品牌认证的图片树立正确的颜色，对赢得用户信任感也会起到非常重要的作用，详情页每一部分都有它的价值，需要经过仔细推敲和设计。

图 5-1　产品详情页　产品价值　　图 5-2　产品详情页　消费信任　上海潘博网络科技有限公司　胡雪婷　设计作品

电子商务最大的体验障碍就是看得见、摸不着，五官中除了视觉以外，听觉、嗅觉、触觉和味觉在网购过程中是完全无法感知商品的，因此要打消客户的疑虑，鼓励他们大胆购物，商家就要用相机镜头代替他们的眼睛，在页面里全方位地展示产品的外观和细节,用图文并茂的方式显示出产品的卖点和品质的保证,给客户营造一个客观安全的购物氛围。

一、产品详情页的作用

产品详情页是提高产品转化率的入口,可以激发用户的消费欲望,树立用户对于产品的信任感,打消用户的顾虑,促使用户下单。优化产品详情页,对于转化率有提升作用,但是起决定性作用的还是产品本身。

产品详情页面是说着固定语言的促销员。除了将产品的属性以及细节详细呈现在用户眼前以外,还要打消他们的种种顾虑,树立他们的消费信心。在浏览完页面以后,能形成自身对于产品价值的认可,以激发消费者欲望,推动他们做出购买决策。

二、设计详情页遵循的前提

详情页面要与该产品对应的主图相契合,详情页面必须是真实地、详尽地介绍产品属性,如图5-3至图5-6所示。

产品页面是通过产品价值论来说服用户的过程,那么建立说服逻辑就是页面优化成败的关键。不同的产品类别侧重点不同,不同的消费群体关注度也不同,在确定了页面逻辑大框架之后,可以根据具体情况来增减内容和调整顺序。

三、产品卖点挖掘

根据市场调研以及对于产品进行系统的分析,总结罗列出用户在意的问题,同类产品的优缺点,根据产品及市场调研,确定本店的消费群体以及自身产品的定位,针对消费群体挖掘出本店产品的卖点,如图5-7所示,挖掘自身与众不同的卖点,如图5-8所示。

第五章　旅游网站详情页设计

图 5-3

图 5-4

图 5-5

图 5-6

详情页　产品属性介绍　上海潘博网络科技有限公司　胡雪婷　设计作品

图 5-7　详情页产品卖点挖掘　　上海潘博网络科技有限公司　图 5-8　胡雪婷　设计作品

第二节　详情页的设计内容

  详情页的种类会根据产品的不同而不同，但也有通用的内容，本节将详情页中可能会出现的所有类别为大家进行介绍，学完后就会知道该类产品的详情页需要放哪些内容，并将对应的内容设计到详情页中会方便很多，再也不用去想到底应该放什么，从哪里入手了。

  下面根据各个类型的旅游产品的特点罗列了详情页的设计内容模块。

一、票务类产品详情页设计

特别说明产品亮点 → 项目特色 → 预定流程 → 门票基本信息 → 景点介绍 → 景点地图 → 费用说明 → 特别注意 → 快递退换货证明 → 保障承诺 → 评价展示

二、酒店类产品详情页设计

酒店预定 → 酒店图片 → 酒店介绍 → 酒店设施 → 交通及周边住客评价

三、交通类产品详情页设计

优惠信息 → 详情描述费用说明 → 预定须知（列车补充：取票信息使用范围有效期限）（境外交通补充：签证办理）→ 退改规则 → 温馨提示 → 评价展示

四、跟团出行类产品详情页设计

优惠推荐 → 使用时间 → 行程简介 → 行程亮点 → 酒店说明 → 美食说明 → 表演说明 → 同类比较 → 达人推荐 → 保障承诺 → 温馨提示 → 行程详解 → 风景展示 → 费用包含 → 费用不含行程描述 → 预定须知 → 退改规则

五、自由行类产品详情页设计

优惠信息 → 相关线路 → 推荐详情描述 → 确认流程说明 → 参考航班/交通 → 团期介绍 → 特色亮点 → 酒店介绍 → 景点推荐 → 费用说明 → 费用包含 → 费用不含 → 预定须知 → 退改规则 → 评价展示

六、签证类产品详情页设计套餐详情

受理范围 → 所需材料 → 相关旅游链接 → 优惠信息 → 线路推荐 → 审核流程 → 购买须知 → 当季活动 → 办理流程介绍 → 续签流程 → 资料清单 → 取签并返还资料 → 签证页说明 → 常见问题 → 温馨提示

➡ 预订须知 ➡ 拒签说明

 课后练习

为自拟主题网店商品进行与主图匹配的详情页策划设计。

要求：

1. 根据不同类别产品的特性进行详情页内容模块的设定。
2. 卖点挖掘合理有效。
3. 色彩、字体、文案、版式、图片、氛围处理得当。

学生作品案例：

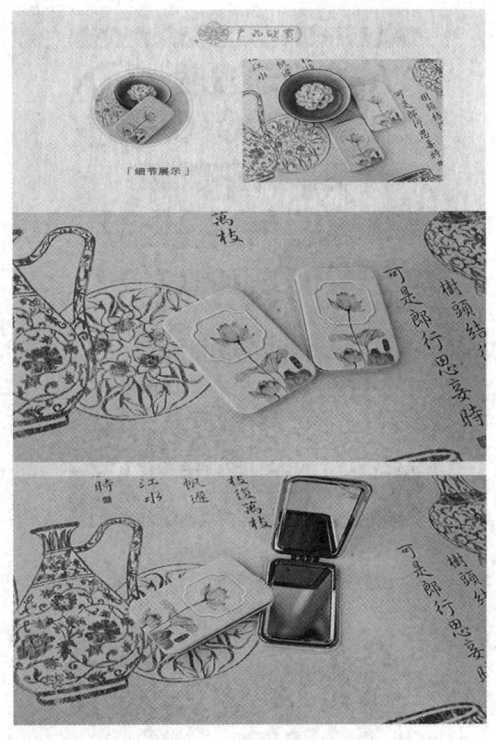

上海师范大学天华学院 15 级旅游电商班　宋铃君　设计作品

上海师范大学天华学院 14 级旅游电商班　王胤苏　设计作品

上海师范大学天华学院 14 级旅游电商班　刘栗村　设计作品

第六章 旅游网站店铺首页设计

【本章导读】

首页是用户进入店铺后能快速寻找到产品的主要源头，也代表着产品的风格与功能定位，强烈的视觉冲击力、清晰的信息分层和良好的交互体验是首页提升转化率的三大要诀，本章将带领大家仔细认识首页。

【知识要点】

通过本章内容的学习，如首页布局设计方法思路，让设计师快速掌握首页的常用设计技巧，本章需要掌握的相关知识技能如下：

1. 旅游网站首页结构；
2. 网店的店招要素；
3. 网店的导航要素；
4. 网店的首焦要素；
5. 网页的页尾要素；
6. 网店的产品分类；
7. 网店的产品展示。

第一节 旅游网站首页结构

店铺的首页就像一个购物场所，把产品放在地上卖和放在专柜里卖，单价会相差很多，我们需要根据自己的产品特征有条不紊地展示产品，给用户一个合理舒适的购物场所，接受有效的首页推荐。店铺首页设计示例如图6-1

和图 6-2 所示。

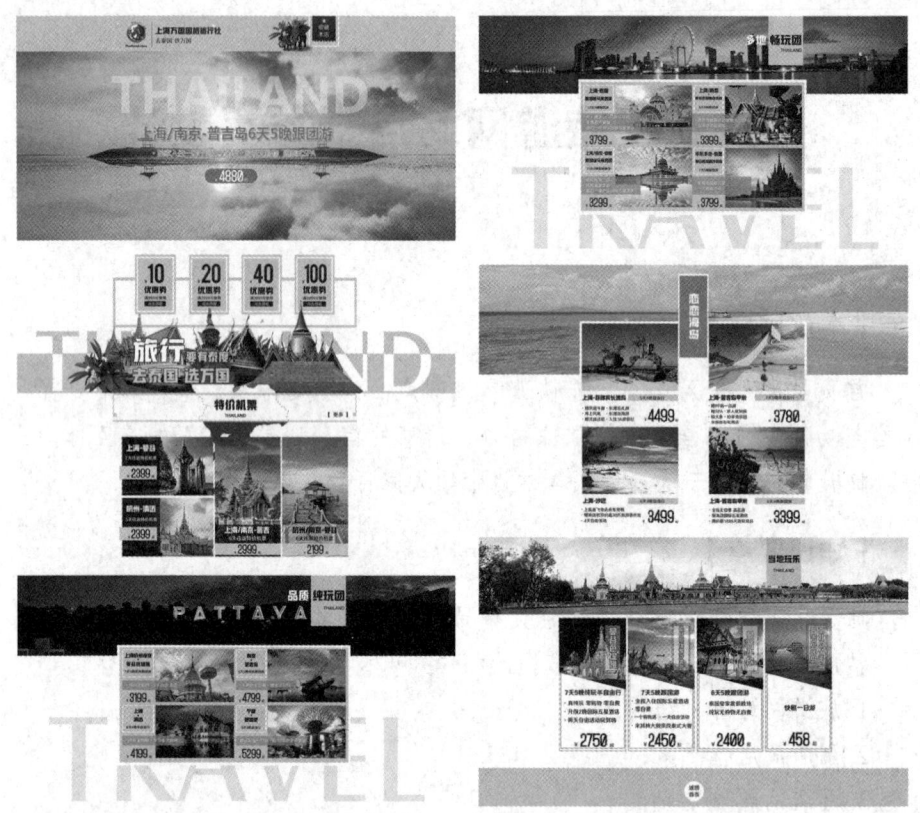

图 6-1　　　　　　　　　图 6-2
店铺首页　上海潘博网络科技有限公司　陈烨俊　设计作品

每个店铺都有三个重要部分，分别是首页、列表页、详情页；每个页面也都由页头、页面、页尾构成。

一、店铺形象展示

店铺品牌是一家店铺，有别于其他店铺的明显标志。在设计店铺的页面同时应在设计中加入品牌信息，塑造品牌识别度。品牌的主色调、标志不可以随意更换，因长期围绕一个不变的主色，让用户一进来就知道这是××品牌，有独特的品牌感，得到用户认可后，就会有源源不断的回头客。

在店铺设计的同时，整个店铺的设计风格和品牌形象息息相关，在建设店铺页面之初就应该为品牌塑造一个视觉形象,再围绕这个视觉形象去衍生店铺设计,只有拥有独特的视觉形象,才可以使品牌更快速、直观地深入人心。

二、商品导航

当用户通过一个产品进入客户店铺的时候,此时用户也可能对其他同类产品有消费需求,为了让有明确目的的用户在购物的时候方便寻找其他商品,首页需要起到一个导购作用,快速引导用户,方便地找到他所需要的商品从而顺利下单。如果在首页添加搜索功能、导航功能、合理的产品分类、合理的产品展示等都有利于用户寻找到合适的商品。

因此,在首页布局设计的时候,要注意将商品导航信息设计进去,让用户知道自己所处的位置,接下来就可以去寻找他所需要的产品。店铺的合理布局设计是为了给用户一个有效的指引路线,当用户有具体的购买目标的时候,可以快速找到自己想要的商品,有效节约用户的选购时间,当用户没有明确购买目标时,可以根据提示对每类产品的存放区做到心中有数。

三、推荐和活动

当用户没有明确购买意愿时需要一些推荐和活动来激发用户的潜在需求,如新品推荐、促销打折等,如果店铺正在做这些活动,就可以在首页上展示出来,吸引用户快速下单,如图6-3和图6-4所示。

第二节　网店的店招要素

店招就相当于一个店铺的招牌(见图6-5),起到宣传传递店铺信息的作用,位于店铺页面的上方,是首页第一个需要设计的区域,经常与导航连接起来,整个店头高度为150像素,店招占了120像素,导航占了30像素。

图 6-3　店铺首页产品推荐、促销活动　上海潘博网络科技有限公司　顾应园　设计作品

图 6-4

图 6-5　店招与导航　上海潘博网络科技有限公司　胡雪婷　设计作品

一、店招的信息传达

店招传递信息的作用是很明确的，用户进入店铺，首先看到的就是店招，店招中包含了店铺商品、品牌信息、品牌定位等重要信息，店招是展示店铺

品牌的重要转接点，设计过程中应该包含以下三方面。

（一）品牌信息

通过产品名称、店铺名称、品牌色、品牌标志表现出来。

（二）产品定位

对有代表性的产品进行特别展示。

（三）价格信息

价格与产品定位息息相关，高价产品通过打造有价值的视觉传递，去淡化价格信息；低价产品以促销手段，强调以低价来吸引用户。

二、店招的吸引力

对于店铺的店招来说，返回首页的按钮至关重要，直接影响页面的跳失率，店招中的标志占据最重要、最显眼的位置，如果加上返回首页的链接就会降低跳失率，用户通过店招的链接地址可以从内页直达首页，所以不容怠慢。

logo（见图6-6）是一个店铺最重要的视觉形象，品牌专营店一般都会使用商品原有的logo，也会专门为网店重新设计一个与品牌相符的logo，以达到继续利用品牌效应的效果。在店招中使用logo是必需的，logo一般放在店招左上方最显眼的位置，在店铺中使用logo应该注意，设计尽量使用中文，让大家可以快速识别。

图6-6　店招品牌logo　上海潘博网络科技有限公司　胡雪婷　设计作品

第三节　网店的导航要素

导航的作用是将产品进行分类列出方便客户寻找，通常将品牌故事、会员制度等有利于店铺塑造品牌形象的信息设计在其中，也可以将活动页面、收藏店铺等信息设计进去。

导航的设计（见图6-7）应该与店铺整体视觉风格相匹配，导航字体应该以清晰为主，通常使用黑体字。导航分为隐性导航、半隐形导航和显性导航三种。

图6-7　店铺导航设计　上海潘博网络科技有限公司　胡雪婷　设计作品

一、隐性导航

隐性导航（见图6-8）会使店铺看起来整洁很多，因为这是将很多分类信息隐藏在一个标题下，只有当鼠标经过这个标题时，才会显示标题下的产品分类信息。隐性导航所占的空间位置小，可以节约导航空间，相对于不容易被发现，通常以所有分类和全店产品为标题。

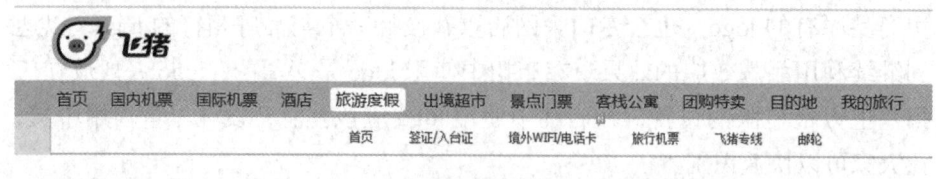

图6-8　隐性导航

二、半隐性导航

半隐性导航（见图6-9）多用于产品分类多，而且可以分出几个主要的分类，这种分类方式能够展现店铺内商品的主要构成，从功能上来讲，半隐性导航具有提示性和导购性。从设计来讲，半隐性导航的标题和背景都要自己设计，有一定难度，但设计师应该在统一视觉风格的基础上让字和背景的反差对比强烈，才能让人一目了然，半隐性导航通常放在店招的下方。

三、显性导航

页头上的导航应该展示主要内容，放置于店招下方，而显性导航（见图6-10），主要分类信息大而全，往往会占据非常大的页面位置，一般放置在首页活动区的下方，或者是页面上方，显性导航会给客户展示全面的标题，方便用户快速进入所需要的产品类目，找到自己感兴趣的产品，提供方便快捷的购物体验，同时又对流量进行有效的分流和引导，从视觉设计上应该注意图文结合，添加一些比较直观的图标元素，让用户对于店铺的相关信息也有一定程度的了解。由于展示的信息众多，应该注意版面的整齐美观，避免杂乱无章，典型的显性导航应该将店铺中大部分内容展示出来，目前这种类型导航比较少。

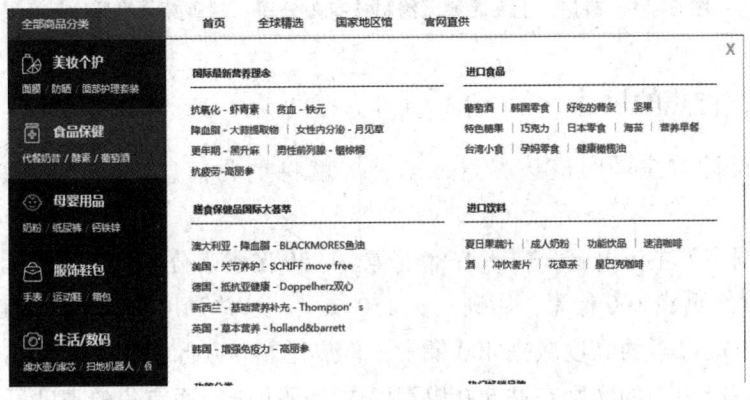

图 6-9 半隐性导航

图 6-10 显性导航

第四节　网店的首焦要素

首焦（见图 6-11）负责宣传最新产品、详情页、店内活动推广页的重要任务，首焦是店铺首页的灵魂，下面通过几个方面来介绍如何做好首焦。

图 6–11　首焦　上海潘博网络科技有限公司　胡雪婷　设计作品

一、首焦的尺寸

在设计首焦同时应该尽量在第一屏就将重要信息展示完整，这叫一屏论。

根据当下主流电脑分辨率 1680 像素 ×900 像素来分析，浏览器自身高度 150 像素，页头 100 像素，店铺页头 150 像素，这些高度加起来有 400 像素，那么用 900 像素的高度减去 400 像素，首焦还剩 500 像素，也就是说应该将首焦最有吸引力的文案在这 500 像素以内展现出来，而首焦的高度可设置为 600 像素，这样能使首焦的图像展示完整，引导用户继续向下浏览。

二、首焦的信息传达

首焦应该放置哪些内容是由店铺定位来决定的，品牌店铺策划设计时应该注意店铺诚信和口碑的传递，如展示品牌实力、加入品牌故事，或直接放置产品的页面。要做得简洁大气，如果有促销活动，应该避免将活动信息做得太过抢眼。

当店铺有新产品上架时，可以将这个类型的产品进行推广（见图 6–12），在首焦上进行单品的宣传，无论是品牌型店铺还是营销型店铺，都应该围绕新产品的卖点入手，只是强调的重点可能会不一样，一个在于产品的品质与产品的细节，另一个在于性价比。

图 6-12　新品推荐类首焦　上海潘博网络科技有限公司　胡雪婷　设计作品

对于营销型的店铺来讲，特色就是打折力度大，促销产品是高性价比单品（见图 6-13），转化率高，库存足。为了让产品卖得更多，大部分时间首焦的内容是以促销为主，而且用多个活动信息进行表现，营造热卖的氛围，刺激用户下单。

图 6-13　促销类首焦　上海潘博网络科技有限公司　肖洁妹　设计作品

三、首焦的布局

首焦设计会根据产品更新和活动更新进行修改，而且首焦的要求高，速度最好要快，因此要求设计师也应该有一套快速的构图方案，如果是比较常规的排版方式，在时间紧张的时候可以选一种直接使用。

（一）两列式

左文右图或左图右文是最常见的构图方式（见图 6-14），也是最容易掌控的，很符合人们从左往右的阅读浏览习惯。

图 6-14　两列式布局首焦 "飞猪"网上海迪士尼度假区

左图右文是在制作首焦构图时，如果左图使用的是人物，最好选择人物的眼神方向朝向文案的方向，这样可以引导用户去浏览文案。

（二）三列式

中间文字两边图片，这种方式主要是为了展示文案信息，如活动信息将产品图或辅助元素放在左右两侧，如图 6-15 所示。

图 6-15　三列式布局首焦

（三）上下式

上面文字下面图片，当产品多而杂或者是希望展示多个种类的产品时，可使用这种构图方式，如图 6-16 所示。

第六章 旅游网站店铺首页设计　101

图 6-16　上下式首焦

（四）文字背景式

前面是文字元素，后面是背景元素，背景可以是一张高清摄影图片，也可以是一张合成效果图，这种情况主要是突出氛围。背景也可以是一张纯色图片加文案，突出文案内容，如图 6-17 所示。

图 6-17　文字背景式首焦　上海潘博网络科技有限公司　胡雪婷　设计作品

四、首焦的展示方式

目前，全屏海报和全屏轮播两种展示方式更加流行起来，全屏海报是一张单一的海报展示，全屏轮播是两张以上最多四张的海报轮流播放，如图 6-18 至图 6-20 所示，这样就能将重要内容全部在一屏内显示完成，尽量缩短页面长度，使用户将注意力集中在轮播上面。

使用轮播这种首焦展示方式的时候需要确定轮播内容是否足够有魅力让客户去注意，不然用大量时间去加载多张海报，只会增加时间成本，浪费用户的浏览时间。

图 6-18

图 6-19

图 6-20

轮播式首焦 "飞猪" 网上海迪士尼度假区

  对于中小卖家以及用户黏性不高的卖家，还有首页浏览不超过 10% 的卖家，可尽量减少使用轮播。很有人气的卖家使用轮播时，全屏轮播最好使用可视化的效果，让用户可以根据下方的缩略图进行有效的浏览，避免枯燥的等待。

五、首焦的视觉效果

首焦是首页中的一个重点,更是一个亮点,在和首页成为一个整体时,又应该从首页中脱颖而出,所以在设计整个页面时应适当消除首焦的痕迹,其他元素可以更好地突出首焦,如图 6-21 所示。

图 6-21　首页与首焦　上海潘博网络科技有限公司　胡雪婷　设计作品

首焦与其他板块相比都显得突出耀眼,可以在保证页面色彩、元素等整体性的基础上,与其他板块对比之下更加突出。从另一方面看,首焦设计本来也有创意性和趣味性,足够吸引人们的视线,但也不能将首焦的视觉冲击力完全削弱,在弱化其他元素上最好在保证所有元素都和谐的情况下再突出首焦的设计。在配色和版式上进行把握,在视觉冲击力上,通过对比的严格控制,让视觉冲击对用户产生效应。

第五节　网店的页尾要素

各位卖家总以为页头很重要,往往忽视了店铺页尾的设计。页尾是一个公共固定区,设置好会出现在店铺的每一个页面,页尾其实就是一个自定义区，没有预售的模块，需要卖家自行填充相关图文或代码。

一、页尾的服务信息

因为通常页尾对整个店铺有个总结性的作用，一般在页面最底端提供店铺的品牌介绍，如图6-22和图6-23所示，加深品牌塑造，加上物流售后信息可以让用户放心购买，发货须知、买家必读可降低因发货引起的差评率，在页尾添加了很多可能让用户感兴趣的、店铺需要的内容，更好地补充了页面的完整性和功能性。

图6-22　页尾品牌介绍　上海潘博网络科技有限公司　胡雪婷　设计作品

图6-23　页尾品牌介绍　上海潘博网络科技有限公司　金丹　设计作品

二、页尾的功能作用

页尾除了能服务于买家，还能服务于卖家，如加上收藏本店链接，可以提高用户的下次购买率；加上在线客服、服务展示可以帮助用户快速与客服取得联系；加上友情链接可以帮助友情店铺增加流量；加上产品分类展示（见图6-24）可降低产品跳失率，这些都是提高用户体验的好方法。

图 6-24　页尾分类展示　　上海潘博网络科技有限公司　　胡雪婷　设计作品

第六节　网店的产品分类

产品分类也属于导航，不同的是，导航的内容可以多也可以减少，根据实际内容情况进行调整，而分类的作用更多的是对于目标用户进行有效引导，强调清晰的条理性和逻辑性。

一、产品分类的展示

产品的分类也属于显性导航，在设计店铺的产品分类展示时，我们应该清楚地认识到每个类目的标题是否合适，与产品匹配度是否精确，这样才能有效引导客户点击。如果不能设计出特别形象的图标代替标题的功能，或者放在标题旁边，应该避免使用图标，因为毕竟文字的精确度是最高的，如图6-25所示。

二、分类的交互效果

使用交互效果会让用户体验感有所提升，当用户将鼠标指向想要点击的文字链接时，链接有视觉上的变化，如进行了变色或有了阴影等有别于其他文字链接的视觉效果，那么用户体验是最好的，这样有利于用户知道自己指向了哪里，又能更明确地将目标展示出来，如图6-26所示。

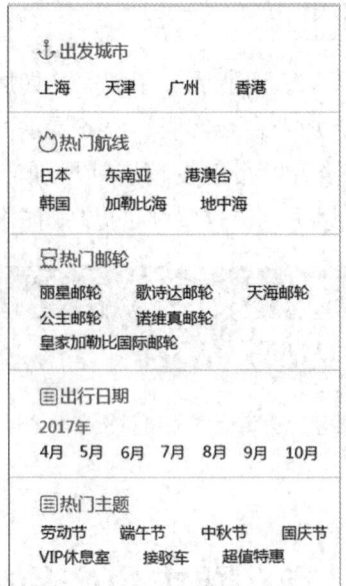

图 6-25　店铺分类设计　"飞猪网"心途　上海潘博网络科技有限公司　设计作品

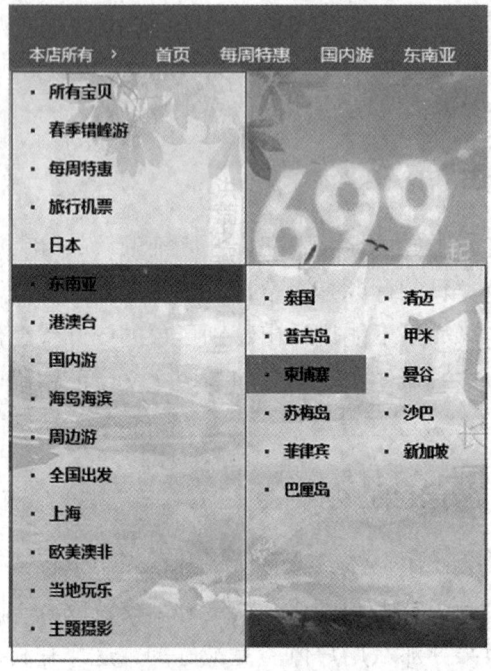

图 6-26　分类交互效果设计　"飞猪网"春秋旅行店铺

整个分类模块看起来整齐有序,下面分类标题的文字被放大,且底色不一样,在与下方的详细分类产生差距的同时,又突出了展示标题,这种表现方式是最常见的,详细分类中部分标题左侧有标签进行辅助展示,这样的设计说明几个标题是当前比较热卖的。适当使用标签可以更好地突出和说明这些标题。

第七节　网店的产品展示

通过不同的视觉呈现方式,可以将产品最美妙的一面展示给用户,从而提升销售额产品的陈列方式,能营造出不同的销售氛围,从而影响用户的消费心理,我们应从以下几个方面去设计产品的陈列。

一、产品整洁

整洁干净,是产品进行陈列必须遵循的原则,大多产品堆砌展示会让用户不想浏览下去,店铺冷冷清清。那么产品展示可以按照分类展示为多个模块,但最好将产品展示的其中一个模块控制在1.5屏以内,再展示下一个模块,这样才能避免使用户产生视觉疲劳,也会避免扰乱用户的视觉,如图6-27所示。

在产品展示中,将有代表性的产品陈列是最基本的陈列方式,也是在新品销售前最主要的陈列方式。展示可以是有一定的规律性将背景简化突出产品,避免过多的装饰和文案,也可以将类似的产品放置到详情页中进行关联产品的展示。

二、爆款突出

当新品销售一段时间后,会出现销售量比较好的产品,那么证明这款产品是大部分买家喜欢的,在设计时就可以将此类产品突出展示,因此在同一个模块中可以将陈列方式稍作调整,设计出有主次之分的展示模块,表示其是热卖产品,如图6-28所示。

图 6-27　产品模块化展示　上海潘博网络科技有限公司　胡雪婷　设计作品

突出展示的方法就是在设计模块时将热卖产品放大展示，或者将热卖产品的展示区域放大，这样也有利于引导用户关注更为突出的产品，促使用户先浏览突出的产品，促进爆款打造。

图6-28　热卖爆款　上海潘博网络科技有限公司　胡雪婷　设计作品

三、整体统一

在任何产品的展示中，整齐和统一都能让用户赏心悦目，而且展示过程中可以将同属性的产品进行归类展示，如图6-29所示，这样就可以产生磁石效应，将对于某类产品有消费需求的用户汇集在一个指定的区域，使用产品不同的特征去吸引不同的用户，不仅是在产品属性上要统一，在展示位的图标和装饰元素上也要统一，但要避免参数价格明显不同的元素相对于整齐统一的陈列展示方式。有创意、有变化的陈列方式会更让人眼前一亮，如使用产品摆出各种造型和图案外轮廓，都是不错的选择。

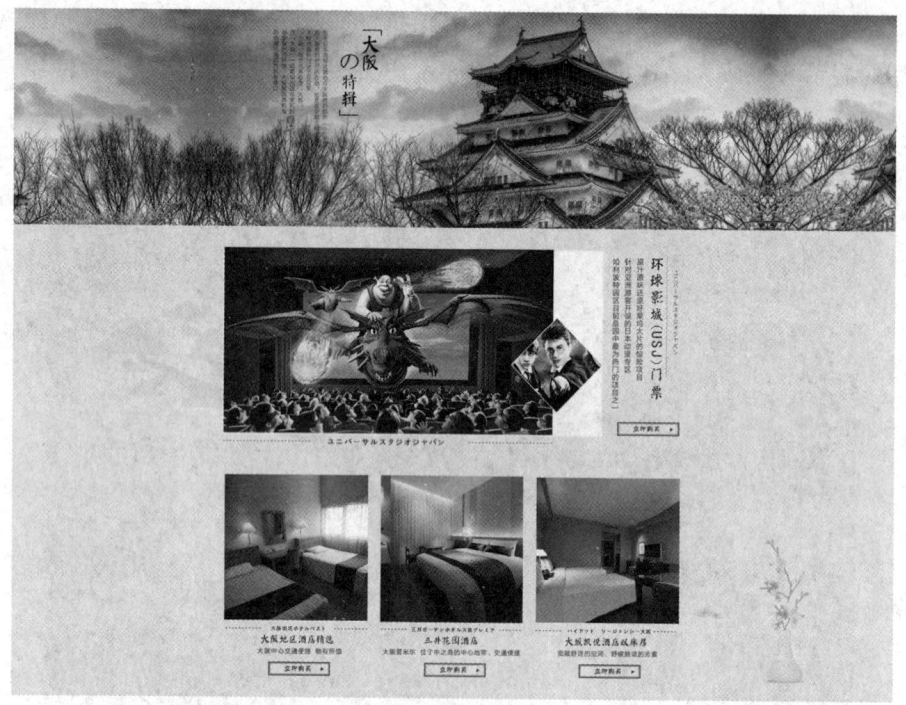

图 6-29　首页展示整齐统一　上海潘博网络科技有限公司　胡雪婷　设计作品

四、陈列搭配

产品搭配是通过将有关的产品放在一起进行展示，如图 6-30 所示，从而提升关联率，增加客单价。交通类产品可以搭配展示酒店类产品，自主线路类产品可以搭配门票类产品。搭配展示不仅可以在首页显示，也可以在详情页进行显示，通过主动的产品推荐搭配，更方便用户挑选产品，对于很多不确定的消费，主动的关联搭配就显得非常重要，通过将产品搭配展示，能激发用户的其他消费需求。

图6-30 首页产品搭配展示 上海潘博网络科技有限公司 胡雪婷 设计作品

五、排列有序

产品排列最重要的是根据店铺运营的方向,从主营产品出发,根据产品销售情况,将畅销的产品放置在有利的位置,将常规产品常规陈列,还需要综合考虑店铺的发展规划和产品特征等情况,对产品品类进行排序。

产品展示应将同品类或同属性的产品放置在一起,合理的品类展示,能将顾客的思路厘清。也可以根据产品价格展示,先展示产品价格高的,再展示产品价格低的,这样价格低的产品更容易销售,因为高价产品在用户心中留下高价印象,所以在浏览到低价产品时,会觉得下面的产品很便宜,也更容易接受,从而影响买家的消费心理。

 课后练习

为自拟主题网店进行首页策划设计

要求:

1. 网店首页设计布局合理,符合该品牌店铺的视觉定位。

2. 店招设计符合该品牌的视觉形象,信息传递有效,具有一定视觉吸引力。

3. 导航设计分类逻辑严密，用户体验良好。

4. 首焦设计布局合理，信息传递有效，视觉效果良好。

5. 页尾设计服务信息表现清晰，具有一定的功能作用。

6. 网店产品分类清晰合理，交互效果良好。

7. 网店产品展示整洁有条理，爆款突出，整体统一，陈列搭配，排列有序。

学生作品案例：

上海师范大学天华学院 14 级旅游电商班　王苏胤　设计作品

第七章　旅游网站推广图设计

【本章导读】

推广是付费流量，但流量精准、转化率高或成为卖家打造爆款产品的首选利器，而推广图的优劣影响着点击率。本章将针对旅游网站中常见的推广图形式并结合实例进行介绍讲解推广图的设计规范与方法。

【知识要点】

通过本章内容的学习，大家能够学习到推广图的设计准则要点和分类。学完后需要掌握的相关知识技能如下：

1. 直通车广告；
2. 钻展广告；
3. 推广图设计准则；
4. 推广图设计要点；
5. 推广图设计分类。

第一节　直通车广告

在设计直通车推广图（见图7-1）时，视觉设计师可以根据推广图所提供的广告位大致位置来设计直通车广告，使其与相邻广告有明显区分，促使用户去点击这个广告从而了解相对应的产品，接下来了解一下直通车广告都显示在什么地方。

第七章　旅游网站推广图设计

图 7-1　直通车广告　上海潘博网络科技有限公司　胡雪婷　设计作品

一、搜索推广图

搜索推广包括关键词搜索、类目搜索、淘宝客搜索、热卖产品搜索，最常用的是关键词搜索。在首页搜索框搜索关键词，单击搜索按钮进入搜索结果页。类目搜索则是通过类目导航进入，选择进入页面展现位置，均为页面的右侧和下方位置，如图 7-2 所示。

图 7-2　搜索推广图　"飞猪网"搜索推广图设计

二、定向推广

门户类的网站，有庞大的数据库可以通过网页内容、人群行为习惯、人群基本属性定向分析不同买家在各种浏览器路径下的不同兴趣和需求，将这些数据应用在定向推广中，帮助卖家锁定潜在目标用户。

定向推广展现位置越来越丰富，更有多家外部合作网站深入目标客户网络体验的方方面面。

三、活动推广

直通车用户可以通过自主报名的方式，将一个特定展示设置为特定的时间集中展示，如首页频道页等能获得大量流量的主营页面，如图7-3所示。

图7-3 活动推广图 "飞猪网"活动推广图设计

第二节 钻展广告

钻展展位是为对广告有更高需求的卖家量身定制的。选了最优质的展示位置，通过竞价排序，按照展现时间与时段计费。性价比高，更适用于店铺品牌的推广，下面介绍常用钻展广告位。

钻展广告位分布于首页最多，一整块分成多个小块，均为首页广告位，包括焦点图和 banner，如图 7-4（1）。

钻展广告位使用最多、最常见的就是以上区，除了在首页底部，小图也是钻展广告位，除了这些钻展广告位还包括垂直频道焦点图、收藏家底部的小图和通栏等，如图 7-4（2）所示。

（1）

（2）

图 7-4　钻展广告位　"飞猪网"钻展广告位设计

第三节　推广图设计准则

其实所有优秀的广告设计都有非常强的规律在里面，点击率高的推广图必定是遵守一些规则，通过对优秀案例的分析，我们找出这些规则和共性，如清晰的广告推广主题、明确的目标人群定位、表现形式独特新颖等。

一、推广主题清晰

做设计的整个过程就是一次陈述,因此设计师需要有一个清晰的主题,并且围绕这个主题展开,比如产品价格折扣活动等。

主题确定以后,应分清楚画面中每个元素的陈述顺序,优先展示重要内容,以此类推。第一层、第二层信息需要被阅读,第三层之后的信息起着暗示和辅助作用,而且这些信息的每一层表现程度应该逐渐减弱,不该每一层都非常突出,最好在整个广告中只突出一个重点,那就是第一层的主题,如图7-5所示。

图7-5　推广图主题清晰　上海潘博网络科技有限公司　陈烨俊　设计作品

二、针对人群明确

因为产品的不同,所以面向的购物人群也不同,不同人群的审美标准和兴趣爱好都不同,所以在设计推广图时,应该根据人群的审美和喜好来设计图片风格,如图7-6所示。

图 7-6　推广图针对消费人群　"飞猪"香港迪士尼度假区

三、主题的表现形式

确定产品主题和人群特征以后，就将主题内容设计出来。那么，设计风格和内容需要怎么控制呢？下面通过几个方面进行介绍。

（一）色彩

从色彩上控制最简单的方法就是用色不能超过三种，三种颜色的面积应该按 6∶3∶1 的比例进行分配。这样在整个画面中，既显得非常和谐统一，在统一的基础上，也会有一些细节上的变化，如图 7-7 所示。

图 7-7　推广图颜色统一　上海潘博网络科技有限公司　肖洁妹　设计作品

（二）字体

字体的选择应该和产品购物人群特征相匹配，排列方式应该和文案靠在一起，使浏览者将所有文案一次性看完，而且进行适当的留白，是指在画面中留出一定的空白区域，用于突出显示需要表现的内容，如图 7-8 所示。

图7-8　推广图字体选择　上海潘博网络科技有限公司　肖洁妹　设计作品

（三）标签

标签用于表现各种营销气氛，如热卖、促销等信息，通过标签表现后显得更加强化。根据不同产品和设计风格，标签的样式也会有所不同，如图7-9所示。

图7-9　推广图标签元素　上海潘博网络科技有限公司　顾应园　设计作品

（四）引导

引导就是通过画面中的某些元素，引导用户去点击或者是浏览，如果是在画面中添加点击按钮，用户可能会因为平时的操作习惯对它进行点击，如果在画面中设计出引导事件移动的箭头或者是线条,用户也会顺着这个箭头或线条的方向去看,从而达到引导用户浏览主题内容的目的。

第四节 推广图设计要点

推广图设计主要可以从两个方面出发,一个是根据直通车图片的投放,对位于周围的直通车广告进行差异化设计,挖掘出产品的卖点和消费者的需求点,将这个点通过很好的创意表现出来,促使买家点击。

这个需求需要我们长期的累积和分析,并展示出产品的有利特征,打消买家的顾虑,主要展示产品质量、价格优势。

我们可以通过关键词搜索找到自己产品展现的直通车,然后对附近的直通车图片进行分析,避免出现其他雷同造成点击率低,在设计中应观察直通车位上的图片、构图、用色、文案、创意等,素材元素尽量在视觉中作出差异化,提高点击率。

一、价格差异化

跟同类型产品相比,如果我们的产品具有一定的价格优势,那么一定要将这个优势展现出来,将低价促销的卖点放大,这样能快速提高产品点击率和销量,如图 7-10 所示。

图 7-10 推广图价格差异化 上海潘博网络科技有限公司 金丹 设计作品

二、折扣差异化

折扣的展示可以降低买家对于价格的敏感度，表现方式有多种，如图7-11所示。

图7-11　推广图折扣差异化　上海潘博网络科技有限公司　金丹　设计作品

三、销量差异化

由于消费者的从众心理，在网站上已经热卖的产品会出现更加热卖的情况，如果店内的热销产品货源充足，那么在推广图上就突出展示销量，引起买家的关注和点击，让买家感受到热销的气氛进行抢购，如图7-12所示。

图7-12　推广图销量差异化

四、品质差异化

不同的产品对于品质要求也不同，高端产品所面对的购买人群，对于产品品质的要求是非常高的，所以面对这样的购买人群和产品特质，表现出产品的质量（见图 7-13），更能激发出买家的购买欲望。

图 7-13　推广图品质差异化

五、创意差异化

创意差异化是在基于其他属性的基础上，表现方式别具一格，如图 7-14 所示，在同类中显得同位额突出，不仅能快速抓住买家的眼球，还能快速提高点击率。

图 7-14　推广图创意差异化

第五节　推广图设计分类

推广图分为单品推广和店铺推广，单品推广会直接链接到产品详情页，而店铺推广会链接到店铺中的某一个页面中去。

一、单品推广图

单品推广（见图 7-15）有利于新品爆款的打造，产品属性不同，设计方式也不同，如根据产品的价格等属性来设计图片，对于单品推广图的设计，可选择店铺中最具人气的某款产品来提升点击率，最具人气的产品可以促进更多目标用户进入店铺。

图 7-15　单品推广图　"飞猪网"上海迪士尼旅游度假区

二、店铺推广图

店铺推广（见图 7-16）就是通过推广某一个导航页面、产品集合页以及制定页面的方式来达到推广更多产品的目的。店铺推广是将流量先引入一个页面，再通过这个页面内展示的商品分流到各个详情页。

由于单品推广的关键词，只能推广店内的两款产品，这样虽然能提高单品的销量，但会导致其他商品无法获取精准的推广流量，容易造成热卖单品库存不足，没有推广的商品库存积压，所以衍生了店铺推广，店铺推广可以将店铺中某一品类或全店产品，放置在同一页面中进行展示，将流量进行分化。

综合推广页面中的商品特征来考虑，店铺推广图可以是全店商品推广或某一类商品推广，其对于成熟的店铺有一定的运营能力。正在进行官方活动或者店铺活动可以进行店铺推广设计；对于追求品牌个性的店铺，可以树立品牌为方向进行设计。

图 7-16 店铺推广图

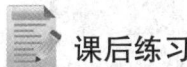 **课后练习**

为自拟主题网店进行活动页面以及推广图策划设计。

要求：

1. 推广主题清晰，针对人群明确。
2. 卖点挖掘合理有效。
3. 色彩、字体、文案、版式、图片、氛围处理得当。

学生作品案例：

上海师范大学天华学院 14 级旅游电商班　卫向东　设计作品

上海师范大学天华学院 14 级旅游电商班　张福花　设计作品

第七章　旅游网站推广图设计

上海师范大学天华学院 14 级旅游电商班　贺雨婷　设计作品

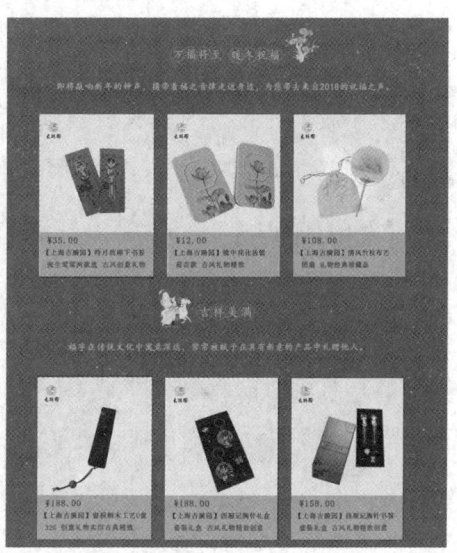

上海师范大学天华学院 14 级旅游电商班　丁欣 朱昀 宋铃君 罗彬芮　设计作品

第八章 旅游电子商务网站手机端设计

【本章导读】

随着移动互联网的到来,网购发生了翻天覆地的变化,大量用户转移到手机上,现在越来越多设计师需要掌握手机端电子商务旅游网站页面的设计。实际上手机端比电脑页面设计要简单很多,本章响应了移动电商的大势,让大家掌握旅游电子商务网站无线端页面的设计方法。

【知识要点】

通过本章内容的学习,大家能了解手机端旅游电子商务网站的设计原则与方法,学完后需要了解和掌握的相关知识技能如下:
1. 手机端和电脑端的区别;
2. 旅游网站手机端店铺设计要点。

第一节 手机端与电脑端的区别

手机在我们的生活中有着无法取代的地位,手机购物的快捷方便及无处不在,使得手机网上购物越来越普遍。2014年年初,"马蜂窝""携程网""爱彼迎""飞猪网"等旅游电子商务网站手机端总流量已超过电脑端,这代表着移动互联网时代已经来临而且发展迅速,因此手机端旅游电子商务网站的视觉设计成为重中之重。

由于手机屏的物理特征,以及手机上网购物的界面要求,旅游电子商务网站手机端的视觉设计与电脑端有着非常大的区别。很多卖家会把旅游电子商务网站店铺电脑端的图片直接搬到手机上使用，因此会出现尺寸不合、效果不好和体验不佳的问题。

尺寸的不同，手机屏的大小导致旅游电子商务网站手机端设计的布局和尺寸的不同，尺寸不合适会造成界面紊乱、浏览不恰的问题。旅游电子商务网站手机端根据受众的需求，要做到短时间浏览、快速阅读、操作方便，这就决定不仅要简洁明了，还要摒弃不必要的装饰。

一、详情页的不同

电脑端会通过较多的文字说明产品的卖点、店铺促销和优惠等信息，但手机端详情页要用精简的文字与较多的图片信息，进行详情阐述。

二、分类的不同

分类结构明确，模块划分清晰，体现少而精的特点，其中以图片突出体现。

三、颜色的不同

很多电脑端会用深色系体现店铺的风格和高档品质的定位，而手机端由于浏览面积小，视觉受限，因此店铺颜色要鲜亮，才能使消费者有视觉上的愉悦感。

第二节　旅游网站手机端店铺设计要点

与电脑端相比，无线端营销更注重用户使用体验，无论是文字还是页面的装修排版等方面，都要比电脑端更为严格。要做好手机端，首先要做好的是视觉营销，设计是第一步。因此如何做好视觉设计是赢取手机流量的关键所在。

一、手机端首页设计

与电脑端从左到右的浏览习惯不一样,手机端的屏幕较小,浏览的习惯一般是从上到下的。如果是双列产品或者用双列图片展示产品的,用户的兴趣度和体验度就会大大降低。旅游电子商务网站手机端可以用各种模块组合、焦点图和左右图、多图等模块设计首页,更显得有趣味性。

首页设计的技巧在于以下几点。

(一)店招

店招是店铺的标志,我们有时会觉得在旅游电子商务网站中店招的用处不大,但在手机端店铺中,店招显示在店铺首页最上方而且显眼的位置。用户在逛店铺时,一眼就会看到店招,店招设计应该颜色鲜艳明快、主题简明,这样不仅可以吸引买家的目光,也能更好地进行店铺的宣传。

(二)店名

手机端的屏幕尺寸有限,所以店名不要过长,过长店名可能在手机端上显示不完整,还会削弱整个店铺的品牌效应。

(三)布局

在模块的选择上,可以选取大模块和从上到下的排列效果,如图8-1所示。

二、手机端详情页设计

手机详情页的制作是手机端产品和店铺的重点之一,为店铺引流的武器之一。我们查看没有做手机详情页的产品时,因为同步电脑详情页内容的原因,会出现不整齐、图片动来动去视觉体验不好的情况,重新做了手机产品详情页后,图片和文字将更清晰有条理,用户体验也会更好。

第八章 旅游电子商务网站手机端设计

图 8-1 "飞猪网"手机端"香港迪士尼乐园"店铺首页设计

当需要添加的文字太多，使用纯文本的方式编辑，看起来更清晰。

这时图片的尺寸应为 480 像素 × 620 像素，高度小于 960 像素。

考虑屏幕的大小，尽量做到一张图片刚好占满一个屏幕，令用户注意力集中，从而锁住用户眼球。

手机端买家浏览图片的速度快，因此在设计上可以突出产品，在颜色搭配上给人以视觉冲击力。

旅游产品主图可通过五张主图，把产品所有的信息表现得淋漓尽致，更有利于提高买家的购买率和销售率。

第九章　旅游网站视觉营销

【本章导读】

视觉营销是旅游电子商务网站运营的重要环节，视觉营销就是告诉大家如何通过图片卖产品。有时候某个产品并不是我们自己需要的，但我们会被产品广告或者陈列方式吸引而购买，这就是有效的视觉营销，让用户产生购物欲望，甚至会推荐亲友购买，视觉营销的神奇之处就在于此，本章我们就一起来认识了解旅游电子商务网站视觉营销的重要性。

【知识要点】

通过本章内容的学习，大家能够认识到什么是视觉营销和如何通过视觉化的手段进行旅游电子商务网站的视觉营销。本章需要掌握的相关知识技能如下：

1. 什么是视觉营销；
2. 旅游电子商务网站店铺视觉营销的意义；
3. 如何做好旅游电子商务网站店铺的视觉营销。

第一节　什么是视觉营销

有研究证明，人们获知外界的信息中87%靠眼睛获得，人体活动的75%~90%靠眼睛主导，吸引顾客的关注，是取得销售成功的前提。眼球经济等于商品视觉营销。视觉营销是电子商务网站店铺经营中不可或缺的一环，能使普通的产品展示变得更有意义，让顾客在购买产品的同时，能得到视觉上、情感上的满足,这些是普通的平面设计所不能达到的。它能快速抓住顾客的眼球,使购物变得更加轻松和愉快。

视觉营销是在平面设计的基础上,与人们的购物心理、消费行为学、浏览习惯、生活习惯相结合,设计出更利于顾客对图片进行点击、心理认可、信任等网上购物环境,一步步坚定顾客的购买欲望,达到最终下单促成交易的目的。

从表面上看,一个旅游电子商务网站店铺的定位与视觉的关联度并不大,但实际上,视觉作为辅助销售的表现形式逐渐表现出更多的营销属性。在某种程度上,店铺的定位决定着视觉的表现形式及其方向。产品的风格定位是视觉展现形式的重要参考方向,只有较为清晰的风格定位再配以相符合的视觉表现形式,才能完美地诠释产品的属性与品牌个性。本章就对这些影响用户购买行为的视觉营销进行介绍。用户在购买旅游类产品时是理性和感性思维同时存在,再判断产品客观属性。例如:交通类产品的时间地点、酒店类产品的房间类型、旅游路线类产品的时间安排和路线景点等是理性思维,而在判断旅行主题等人文属性方面则是感性思维。在竞争激烈的市场环境中,理解和满足顾客的感性要求与热切希望,激发顾客的购买行为,是视觉营销成功的核心要素。

一、网店经营中的视觉营销

视觉营销是一个外来词,英文为 Visual Merchandising,简写为 VM 或 VMD。视觉营销也称"商品计划视觉化",即在营销过程中展示商品的所有视觉要素,通过色彩、图像、文字等方式展现商品的品牌和定位,从而吸引顾客关注,增加人们对商品的认可度,最终达到营销目的。视觉是手段,营销是目的,营销通过视觉来呈现。

实体店铺中的视觉营销是通过有效的设计,提高店铺的客流量和销售量,如 POP 促销海报、店铺装修、橱窗展示、模特展示、灯光音乐等。

而在旅游电子商务网站店铺经营中,是通过对店铺中页面的设计、产品主图的设计以及产品推广图的设计等,将视觉营销植入这些领域中,通过文字和图片的方式对产品和店铺进行整体展示,而并非简单的产品展示,有效的视觉展示成为旅游电子商务网站店铺经营的必要手段。

旅游电子商务网站店铺经营中的视觉营销从定位开始,切记不可出现

"一个店铺、两种风格"的现象。这种产品定位的不清晰会造成在视觉呈现上的混乱。如不多的产品中,主图的设计样式却多达四个,这种产品线的不清晰会让消费者无所适从,甚至连店铺适合哪个群体都很迷惑,更别提对品牌和产品的认同感和信赖感了。

（一）消费者定位

消费者的定位对于设计而言非常重要,他们的喜好往往是视觉传达的指引方向和判断标准。如果对消费者的定位尚不十分清晰,就会导致店铺风格不突出,进而无法给潜在消费者留下深刻印象。

例如,酒店类产品的用户群体仍然有很多细分,店家如果不针对特定消费人群做视觉、做描述,就无法与消费者形成共鸣,自然也无法在视觉上找到契合的手段加以表现。如以下三个酒店类产品就对高端商务人士、小资中产阶级、文艺小青年这三种不同的群体的需求与特点进行了不同的设计。如"携程网"海外酒店页面（见图9-1）在图片元素的使用上运用了实景拍摄的图片,配以精致的手写字体和灰褐色的整体色调,风格大气简约,体现了这个群体用户以及对应产品高端的定位。如"携程网"暖心海外酒店页面（见图9-2）使用了契合该主题的矢量插画元素,配以具有"人文感"的手写字体和明快暖心的橙色作为整体色调,整体风格在简约中透露着文艺感的细节设计,体现了"中产阶级"这一群体的定位。而"飞猪网"客栈这一页面设计上就更为简洁（见图9-3）,带有文艺感的标题和广告口号配上具有代表性的景点摄影图片,符合该类型产品的定位。

（二）品牌口号

作为一个自由品牌,有一个清晰的品牌定位的同时最好能提炼出品牌的广告语,用以更好地诠释品牌。优秀的广告语不仅能清晰地表述产品属性,而且更能在第一时间拉近品牌与消费者之间的距离,快速形成共鸣,强化品牌识别。它无须太花哨,只需要告诉消费者专注做什么,即只是给消费者留下深刻印象即可。这样,哪怕消费者当时没有购买任何产品,但当他以后想购买此类产品时,就会马上想起浏览过的店铺进而进行搜索式打开收藏网页。如"携程网"外币兑换产品宣传页面（见图9-4）就以该产品的品牌口号作为主要的元素,简短的八个字,朗朗上口让人很容易就记住该产品的特点。

图 9-1 "携程网"海外酒店页面

图 9-2 "携程网"暖心海外酒店页面

图 9-3 "飞猪网"客栈页面

图 9-4　"携程网"外币兑换页面　设计作品

（三）视觉展示

总的来说，在旅游电子商务网站店铺经营中，要把视觉营销做好，也是有规律可循的。首先确立好一个风格，使用属于这个风格的视觉元素进行统一设计，并在整个页面中形成独特风格；然后进一步梳理产品的受众定位，并能描画出对象的"肖像"，做到具体、形象、感性，视觉传达可以以此为依据在形式与内容上进行运用。

在页面的布局中要掌握以下四个原则：①重点突出；②陈列有序；③流畅贯通；④视觉创意。

首页的空间是有限的，如何在有限的空间内进行产品的合理陈列，直接影响着用户的视觉体验。最好提炼出一句品牌标语，并显示于店招处，这样可以为最初的视觉营销打下基础。

二、视觉营销的根本目的

视觉营销表面上是视觉的呈现，而核心目的是营销，就是让用户通过视觉了解产品和品牌，最终达成交易，提高销售额，并提升顾客的忠实度。

综上所述，视觉营销的根本目的就是卖产品，既想尽一切能用到的视觉技巧去包装和修饰产品，达到最终的盈利目的。

当用户进入店铺后，就要用尽一切视觉营销手段留住用户，让用户有效识别产品优点，以精心的设计从视觉上引导用户浏览店铺。

首先，要让用户真正了解产品，看得懂图片、读懂文字；其次，店铺内的产品分类设置、导航引导、产品推荐的设计要有利于顾客选择产品；再次，在页面中添加立刻购买、搭配套餐、关联营销等，加强顾客购买元素；最后,要设计收藏有礼、注重品牌实力展示等,让顾客成为回头客,完成视觉营销。

第二节　旅游电子商务网站店铺视觉营销的意义

旅游电子商务网站店铺中的用户体验,从视觉的角度出发,就是要设计出一个优秀的页面,是遵循顾客的购买行为和习惯的,让顾客进得来、看得懂、找得到、买得到、回得来,这样才能实现视觉营销的价值。

一、进得来

进得来,主要通过旅游电子商务网站店铺常规的营销手段,如对"产品"标题进行优化提高自然搜索率,通过直通车、钻展等付费推广;做好全网社交推广,做好站外引流等。这些进得来的方法都属于视觉引流,好的设计是提高用户进店率的关键,应在推广图上下功夫,快速提高"产品"流量。

二、看得懂

顾客进入店铺就要尽量留住他,除了产品本身是否有吸引力外,店铺的视觉呈现也很重要,不论是产品、广告还是文字,要让人一眼就能识别并喜欢,知道这就是自己想要的。用店铺的色彩、文字、文案等来抓住顾客的眼球,让顾客有眼前一亮的感觉,从而达到有效传达。留不留得住顾客,就要看店铺设计是否做到有效传达,顾客是否真正了解产品了。

色彩会带给人不同的心理感受,包括冷暖感、轻重感、空间感、味嗅感、动力感、透明感等。在做设计时,应该结合这些因素表现产品,让顾客看到图就有身临其境的感受。

红色,给人以温暖的感受,适合春节或较为喜庆主题的设计,所以在店铺视觉中整体配色应符合产品定位,红色为店铺整体色调,在渲染出春节气氛的同时,又突出了店铺的活动主题。

绿色给人以自然、原生态的感受,适合有关春季或者夏季相关主题的页面设计。如"携程网"特卖汇国内踏青专场页面设计(见图9-5),就可以让用户身临其境地感受到国内大好河山的自然和原生态之感。

图 9-5 "携程网"特卖汇国内踏青专场

由于不同的旅游产品其内涵属性不同，所以要求不同的字体与之相配合，只有这样才能将产品信息或企业名称信息生动地传播出去，使产品或企业更富有"个性"，从而扩大其知名度。所以应用好文字能为我们的作品带来很大的好处。

字体的选择与搭配都会对产品的呈现产生影响，例如"飞猪网"国际页面（见图 9-6）提供的产品目标客户群是具有一定经济实力的用户，该页面中使用精致的"衬线字体"——"宋体"来展示标题，充分体现了"高品质"产品的定位，能够得到目标消费群体的认可。又如"飞猪网"尾单特卖页面（见图 9-7）则使用同时也与"尾单特卖"页面提供的比较低价产品定位符合，该页面中的首焦广告的标题则使用了"无衬线字体"——"黑体"，整体感觉强烈醒目，可以起到促销作用。

三、找得到

找得到，主要涉及产品的分类设置、导航引导、产品推荐等。将产品的分类和导航设计的有条有理，方便用户查找和购买，是有效加速购买流程的手段。

如果目标用户通过各种渠道进入了店铺，但是却没能很快找到自己需要的产品，一般情况下他会很快离开你的店铺，这就是高跳出率。减少跳出率的最佳方法就是让用户在你的店铺能第一时间找到他所需要的产品。

优秀的分类布局，是顾客快速找到产品的关键。

图9-6 "飞猪网"国际页面

图9-7 "飞猪网"尾单特卖页面

四、买得到

买得到是指用户找到需要的产品后,能够快速下单,并且能快速找到这个下单的入口,如首页海报上的"立即购买"图标或"放入购物车"等,并且在用户点击此图标后,应有相关的产品链接能直接跳到详情页,不能是空链接。另外,在买得到的问题上,还需要注意以下几个方面。

(1)店铺中的广告产品是否都有相应的产品页。

(2)具体的产品是否有合理的搭配套餐可供选择。

(3)产品页中的广告是否多余,应去除没有必要的广告 banner。

(4)页面中的图片大小是否进行了优化,是否有利于图片快速打开以方便用户阅读。

五、回得来

回得来是指用户买完产品后,从感性和理性上均对产品产生的需求。这种需求更多地来自用户的感性认识。首先,用户是否对店铺产生了深刻的印象,即店铺的独特和创新是否让他快速记住了;其次,用户是否通过页面中的"收藏店铺"按扭,将店铺收为囊中之物,也可以通过设置收藏有礼等方式吸引顾客收藏店铺。

最普遍的收藏方式,将收藏设计在店招右侧,如图 9-8 所示。

图 9-8 "飞猪网"长风海底世界首页收藏按钮区域

第三节 如何做好旅游电子商务网站店铺的视觉营销

在旅游电子商务网站店铺经营中,营销主要靠平面设计的主观体现去完成与顾客的交流和互动。视觉营销关系着品牌形象,对外可以树立企业的整体形象,有效地将企业信息传达给受众,通过视觉符号,不断强化受众意识,从而获得顾客的认可,对店铺的打造具有重大意义。

一、旅游电子商务网站店铺视觉营销的基本原则

在旅游电子商务网站店铺中,视觉营销也有基本的规则可循,那么应该怎么去做呢?下面分别介绍一下应遵循的基本原则。

（一）统一性

在对旅游电子商务网站店铺中的各个要素进行设计之前,从企业理念到视觉要素都要标准化,采用统一的规范设计,并坚持长期运用,不要轻易改变,可以围绕以下几方面进行设计。

（1）简化：对设计内容进行提炼,尽可能使内容条理清晰、层次分明,化繁为简。

（2）统一：把品牌和企业形象不统一的因素加以调整,品牌、企业名称、商标名称应尽可能统一,给人以唯一的视觉形象。

（3）系列：对设计元素、表现形式、尺寸、结构进行合理安排与规划。让店铺具有明显的特征和识别感,产品的标题样式、按钮图标、图形素材都是相同的。

（4）组合：将店铺中必要的元素组合成通用的单元,如标准的企业形象,可以应用在各个页面里,以保证传播的同一性。

（5）通用：设计上要有通用的元素。例如,店铺标志可保存一个规定的大小,下次使用的时候不会因为不同的缩放造成视觉上的偏差,每个地方的标志均保存一个,保证大到店招,小到水印都能有良好的识别性。

（二）差异性

为了获得用户的认同，品牌形象必须是个性化的、与众不同的，因此差异性也十分重要。差异性首先表现在不同类目的区分上，不同企业品牌有自己的形象特征，在设计时必须突出企业品牌特征，做到有别于其他企业品牌，才能独具风采，脱颖而出。例如飞猪网新西兰航空广告和主页中，都有一个新西兰的代表"几维鸟"代替人类的顾客形象出现在新西兰航班场景之中（见图9-9（1）（2）），在突出自己可以提供优质服务的同时和其他品牌区分开来。

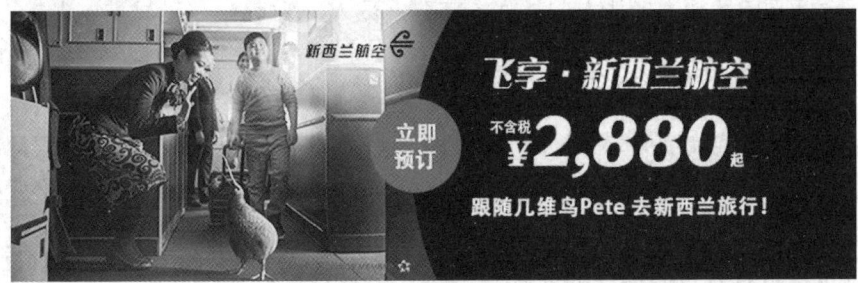

（1）

（2）

图9-9 "飞猪网"新西兰航空页面

（三）有效性

有效性是旅游电子商务网站店铺设计的基础，首先在策划设计上需要根据店铺自身的情况进行准确的形象定位，然后以此为基础，一切从实际出发，尊重专业设计机构或设计师的意见和建议展开设计。

（四）审美性

优秀的设计，会把枯燥无味的东西，表现得具有艺术性和趣味性，生动活泼的设计能吸引客户的视线，引发用户的好奇心，给人美感、让人心动，所以完美的设计具有巨大的审美价值。

具有审美价值的设计，有强烈的视觉冲击力，且形式完美、装饰性强、创意独特，使人赏心悦目，让人们在愉悦中牢记品牌含义，且更贴近人们的生活，有强烈的亲和力，让人们喜欢、耐看、易认、易记。

二、网店视觉设计的基本要素

一个成熟的旅游电子商务网站店铺经营领域的企业应当意识到：设计绝不是可有可无或为企业涂脂抹粉、装点门面的，它的意义在于将文本格式的企业理念最准确、最有效地传达出来，并被用户识别和记忆。在视觉格式的系统里，也有着自己独立的法则和规范，是需要有相关经验且经过专业训练的人才可以进行的活动。

在旅游电子商务网站店铺视觉设计中，完美的视觉设计是有一个具体到每个环节、每个部分的计划，这个计划影响着最终的设计，下面分别进行介绍。

（一）店铺架构标准

在一个店铺中，应将这些相应的元素和框架设置好，以便日后重复使用，既可以节省设计时间，还能规范设计内容。

如在首页或内页架构中，需要规范的标准有各版面尺寸、结构、排序；首焦广告图中的排版规则、色彩使用规则、字体大小间距规则、活动情况规则、后期处理规则；平铺图片拍摄中拍摄角度、用光、光圈大小、快门速度、白平衡、裁剪标准；字体应用中字体、字号、颜色、排版位置等。

（二）优秀的视觉设计

优秀的视觉设计包括以下几个方面。

（1）优秀的设计，可以将自己的企业和别的企业明显地区分开来，拥有自己独特的个性，并且确保企业在经济活动中的独立性和无法替代性，明确企业在市场中的定位是企业无形资产的一个重要组成部分。

（2）优秀的设计可以传达出企业的经营理念和企业文化，以形象的视觉宣传企业。

（3）优秀的设计能以自己独特的视觉符号吸引受众的注意力并让其产生记忆，使顾客对企业提供的产品或服务产生最高的忠诚度。

（三）失败的视觉设计

失败的视觉设计往往毫无生气、风格和个性可言，因此从某种意义上来说，一个失败的设计，就是一次在财富积累和文化传达上的失误，那究竟有哪些因素导致视觉设计的失败呢？

（1）对企业的视觉定位模糊不清，让人觉得似是而非。

（2）视觉的呈现效果与企业的经营范围、理念及企业文化不相符合。

（3）设计师的平面设计功底不足，作品缺乏内在逻辑和外在美感。

（4）作品过于追求时尚，缺乏长久的生命力和吸引力。

（5）复制别人的作品和自我复制。

参考文献

[1] 速卖通大学. 跨境电商美工：阿里巴巴速卖通宝典［M］. 北京：电子工业出版社，2015：1-40.

[2] 翁国秀，阳三元. 淘宝美工从入门到精通［M］. 北京：人民邮电出版社，2016：144-249.

[3] 王岩. 淘宝、微店美工设计与视觉营销［M］. 北京：机械工业出版社，2016：176-193.

[4] 晋小彦. 形式感+网页视觉设计创意拓展与快速表现［M］. 北京：清华大学出版社，2015：100-145.

[5] 麓山文化. 淘宝美工全攻略［M］. 北京：人民邮电出版社，2016：22-28.

[6] 梁芳. Photoshop网店装修设计［M］. 北京：电子工业出版社，2016：12-34.

[7] 姜鹏，郭晓倩. 形·色——网页设计法则及实例指导典教程［M］. 北京：人民邮电出版社，2017：1-45.

[8] 威廉姆斯. 写给大家看的设计书［M］. 北京：人民邮电出版社，2016：5-81

[9] 梁景红. 写给大家看的色彩书 设计配色基础［M］. 北京：人民邮电出版社，2011：1-215.

[10] 麦克韦德. 超越平凡的平面设计 版式设计原理与应用［M］. 北京：人民邮电出版社，2010：145-168.

[11] Jeff Johnson. Designing with the Mind in Mind：Simple Guide to Understanding User Interface Design Rules［M］. LA：Morgan Kaufmann，2010.

[12] Quentin Newark. What is Graphic Design? Essential Design Handbooks［M］. RotoVision，2007.